高等院校艺术学门类『十三五』规划教材

主编 袁园 朱晓敏

家具结构设计与制造工艺

JIAJU JIEGOU SHEJI YU ZHIZAO GONGYI

华中科技大学出版社
http://www.hustp.com
中国·武汉

内 容 简 介

本书共8章内容，分别对传统与现代家具的结构设计与制造工艺进行阐述，并结合大量的实际案例进行说明，尤其是对国际上现代家具中的框式家具、板式家具、软体家具、金属家具、塑料家具、竹藤家具以及家具五金连接件的结构设计与制造工艺进行了较为翔实的论述，并有大量的图例辅以说明。本书将理论与实际相结合，内容全面、图文并茂、通俗易懂，可作为高等院校家具与室内设计专业、环境艺术设计专业、木材科学与工程专业、工业设计专业以及高职高专相关专业的教材，同时也可供家具企业的工程技术人员与业余家具设计爱好者参考。

图书在版编目（CIP）数据

家具结构设计与制造工艺 / 袁园，朱晓敏主编. — 武汉：华中科技大学出版社，2016.8
高等院校艺术学门类"十三五"规划教材
ISBN 978-7-5680-2003-9

Ⅰ.①家…　Ⅱ.①袁…　②朱…　Ⅲ.①家具 – 结构设计 – 高等学校 – 教材　②家具 – 生产工艺 – 高等学校 – 教材　Ⅳ.①TS664

中国版本图书馆 CIP 数据核字(2016)第 144850 号

家具结构设计与制造工艺　　　　　　　　　　　　　　　　　　袁　园　朱晓敏　主编
Jiaju Jiegou Sheji yu Zhizao Gongyi

策划编辑：彭中军
责任编辑：徐　欢
封面设计：孢　子
责任校对：李　琴
责任监印：朱　玢
出版发行：华中科技大学出版社　（中国·武汉）
　　　　　武昌喻家山　　邮编：430074　　电话：（027）81321913
录　　排：武汉正风天下文化发展有限公司
印　　刷：武汉市金港彩印有限公司
开　　本：880 mm × 1230 mm　1/16
印　　张：5.5
字　　数：173 千字
版　　次：2018 年 12 月第 1 版第 2 次印刷
定　　价：39.00 元

目录

JIAJU JIEGOU SHEJI YU ZHIZAO GONGYI

家具结构设计原则

JIAJU JIEGOU SHEJI YUANZE

学习目标

　　本章主要学习家具结构设计的重要性。对一件产品来说，结构是产品功能的承担者，决定着产品功能的实现；对产品系统而言，系统结构影响产品的系列化，决定着产品系统对客户需求的适应性。结构又是形式的承担者，受到材料、五金、工艺、使用环境等诸多方面的制约，同时结构也影响着工艺，因此在制定结构设计规范时，应多加考虑。

　　家具形态与结构的关系就如人的相貌与五官的关系。相貌就如家具的形，而五官则好比是产品结构。产品系统结构是指产品与产品之间、不同产品零部件之间的关系结构，其中最重要的是模块化共享结构。中国古典家具从科学技术的角度来看，从硬木材料的合理开发和利用、榫卯结构的巧妙运用与组合、尺度与人体工程学的相吻合等方面，可见其工艺的高超；从艺术角度上来审视，则可以看到那特定时期的人文情怀，如图 1.1 所示。

图 1.1　中国传统红木家具

　　家具结构具有多重含义，其中家具产品系统及其零部件的外部结构、核心结构是制定结构设计规范时考虑的主要对象。外部结构是指外观造型及其相关的整体结构，例如零部件的形状、规格尺寸、家具与相关产品的联接。核心结构是指由某项技术原理系统形成的具有核心功能的产品结构。为了做到零部件的通用化、系列化、模块化，还需要研究系统结构。

第一节
材料性原则

　　结构设计离不开材料的性能，对材料性能的了解是家具结构设计所必备的基础。材料不同，其材料的构成元素、组织结构也不相同，材料的物理性能、力学性能和加工性能就会有很大的差异，零件之间的接合方式也就表现出各自的特征。

红木家具的构成形式为框架结构、榫卯接合，其合理性在框架可以由线型构件构成。这是由于木材的干缩湿胀特性使得实木板状构件难以驾驭的缘故。至于榫卯接合方式是由木材的组织构造和黏弹性性能所提供的条件决定的。

在现代家具中，实木家具以榫卯接合为主，板式家具则以连接件接合为主，金属家具以焊接、铆接为主，竹藤家具以编织、捆绑为主，塑料家具以浇铸、铆接为主，玻璃家具以铰接为主。根据家具的材料选择并确定接合方式，是结构设计的有效途径。

材料的发展为造型设计提供了越来越丰富的创作资源，可供制造家具的材料从传统的天然木材、石材、藤材、皮革到人造板、人造薄木、玻璃、金属及各种化工合成材料等等。不同材料具有不同的色彩、肌理、质感，不同材料的搭配为人们带来了不同的主观感受。

现代家具中胶合板的问世解决了一般原木易膨胀、干缩、翘曲、开裂的问题，同时其高度的模塑性，能将其模压成各种特殊形状，使家具的结构和形式的发展向前迈进了一大步。此外，蒸木、弯木技术的出现，为层积木家具和实木弯曲家具的发展铺平了道路。贴面装饰在降低珍贵木材损耗的同时，为家具增添了更多美丽的纹理和色彩。

金属由于其高强度及较好的加工性能，一般作为家具的外框结构并与纺织物、玻璃和木材配合使用。这种家具通常造型简洁，具有挺拔刚劲的线条、豪华高雅的色泽，富有极强的现代感。采用皮革与金属管结合的家具，呈现出光洁和谐的美感，其框架在方整之中带有圆润的韵味。

第二节
工艺性原则

加工设备、加工方法是家具产品的技术保障。零部件的生产不仅是形的加工，更重要的是接口的加工。接口加工的精度、经济性直接决定了产品的质量和成本。因此，在对产品的结构进行设计时，应根据产品的风格、档次和企业的生产条件来合理确定接合方式。

木质家具在工业革命以前，只能采用榫接合；自从蒸汽技术运用于家具生产后，零部件可以一次成型。蒸汽技术不仅简化了接合方式，而且使产品的造型更加流畅、简约。板式家具由于其设备的加工精度高，因而可以采用拆装结构。

第三节
稳定性原则

家具结构设计的主要任务是保证产品在使用过程中牢固稳定。品牌家具的属性之一是使用功能。各种类型的产品在使用过程中，都会受到外力的作用，如果产品不能克服外力的干扰保持其稳定性，就会丧失其使用功能。家具结构设计的主要任务就是要根据产品的受力特征，运用力学原理，合理构建产品的支撑体系，保证产品的正常使用。

第四节

装饰性原则

家具不仅仅是简单的功能性物质产品，更是一种广为普及的大众艺术品。

首先，家具的装饰性不只是由产品的外部形态表现，更主要的是由其内部结构所决定，这是因为家具产品的形态（风格）是由产品的结构和接合方式所赋予的。例如榫卯接合的框式家具充分体现了线的装饰艺术，五金连接件接合的板式家具则在面、体之间变化。

其次，家具的连接方式的接口（各种榫、五金连接件等），本身就是一种装饰件。藏式接口（包括暗铰链、暗榫）外表不可见，使产品更加简洁；接口外露（合页、玻璃门铰、脚轮等连接件、明榫），不仅具有相应的功能，而且可以起到点缀的作用，尤其是明榫能使产品具有自然天成的乡村田野风格。

一、作业与练习题

家具结构设计的原则有哪些？

二、阅读书目及相关网站推荐

(1) 王逢瑚，家具设计，科学出版社，2010。

(2) 张仲凤，家具结构设计，机械工业出版社，2012。

(3) www.dolcn.com（设计在线）。

第二章

框式家具的结构设计与工艺

KUANGSHI JIAJU DE JIEGOU SHEJI YU GONGYI

本章主要学习框式家具结构设计与制造工艺，理解中国传统的接合方式，其结构的合理性与家具的美观性、接合强度和加工工艺之间的关系，并结合框式家具的特性设计家具作品。

如图2.1所示框式家具是指以榫接合的框架为结构的家具，是中国传统的接合方式，其结构的合理与否直接影响到家具的美观性、接合强度和加工工艺。

图 2.1　中国传统框式家具

第一节
家具的榫接合结构

一、榫接合的类型

榫接合是传统框式家具所常用的接合方式，是指榫头压入榫眼或榫槽的接合，其各部位的名称见图2.2。

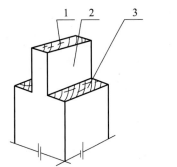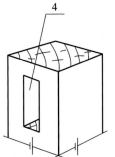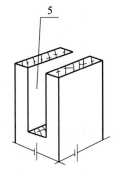

图 2.2　榫接合各部位名称

1.榫眼；2.榫槽；3.榫端；4.榫颊；5.榫肩

榫接合有多种类型，而根据其运用于家具的部位不同，主要可归纳如下：

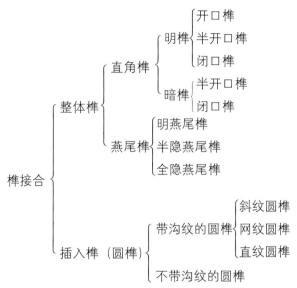

按榫头的数目多少来分，榫头又可分为单榫、双榫和多榫，如图 2.3 所示。一般的框架接合多采用单榫、双榫，如桌、椅的框架接合。而箱框如木箱、抽屉的接合多采用多榫。

对于单榫而言，根据榫头的切肩形式的不同可分为单面切肩榫、双面切肩榫、三面切肩榫、四面切肩榫（见图 2.4）。将人造板或拼板嵌入木框中间起封闭与隔离作用的结构称为嵌板结构。嵌板结构是框式家具中常用的结构形式，不仅可以节约珍贵的木材，同时也比整体采用方材拼接稳定，不易变形。

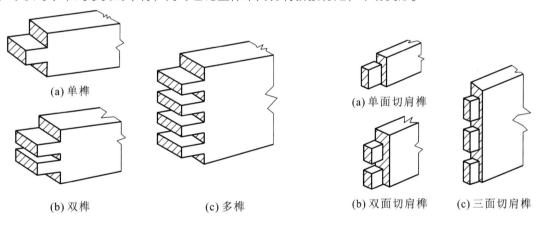

图 2.3　单榫、双榫、多榫　　　　　图 2.4　单面、双面、三面切肩榫

1. 整体榫、插入榫

根据榫头与方材之间是否分离可将榫分为整体榫与插入榫。整体榫是直接在方材零件上加工而成的，如直角榫、燕尾榫（见图 2.5（a）、（b））。而插入榫与零件是分离的，不是一个整体，是单独加工后再装入零件预制孔或槽中，如椭圆插入榫（见图 2.5（c））。插入榫主要是为了提高接合强度和防止零件扭动，用于零件的定位与接合。

2. 开口榫、半开口榫、闭口榫

根据接合后能否看到榫头的侧边，可将榫分为开口榫、半开口榫和闭口榫，如图 2.6 所示。开口榫加工简单，但强度欠佳且影响美观。闭口榫接合强度较高，外观也好。半开口榫介于开口榫与闭口榫之间，既可防止榫头侧向滑动，又能增加胶合面积，兼有二者的特点。

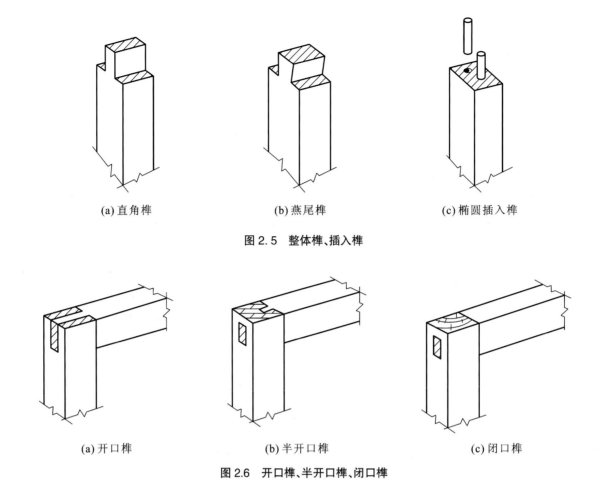

(a) 直角榫　　　　　　(b) 燕尾榫　　　　　　(c) 椭圆插入榫

图2.5　整体榫、插入榫

(a) 开口榫　　　　　　(b) 半开口榫　　　　　　(c) 闭口榫

图2.6　开口榫、半开口榫、闭口榫

3. 明榫、暗榫

根据榫头贯通与否，榫接合又可分为明榫接合与暗榫接合，如图 2.7 所示。明榫接合榫端外露，影响家具的外观和装饰质量，但接合强度大；暗榫接合可避免榫端外露以增强美观，但接合强度弱于明榫接合。一般家具为保证其美观性，多采用暗榫接合，但对于受力大且隐蔽或非透明涂饰的制品，如沙发框架、床架、工作台等可采用明榫接合。

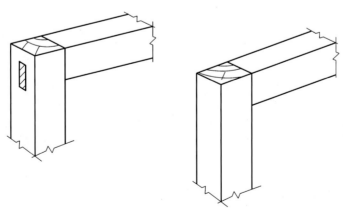

图2.7　明榫接合、暗榫接合

二、榫接合的技术要求

家具制品被破坏时，破口常出现在接合部位，因此在设计家具产品时，一定要考虑榫接合的技术要求，以保证其应有的接合强度。

（一）直角榫接合的技术要求

1. 榫头的厚度

榫头的厚度视零件的断面尺寸的接合的要求而定，单榫的厚度接近于方材厚度或宽度的 0.4～0.5，双榫的总厚度也接近此数值。为使榫头易于插入榫眼，常将榫端倒楞，两边或四边削成 30° 的斜棱。当零件的断面尺寸超过 40 mm×40 mm 时，应采用双榫。

榫接合采用基孔制，因此在确定榫头的厚度时应将其计算值调整到与方形套钻相符合的尺寸，常用的厚度有 6 mm、8 mm、9.5 mm、12 mm、13 mm、15 mm 等几种规格。

当榫头的厚度等于榫眼的宽度或小于 0.1 mm 时，榫接合的抗拉强度最大。当榫头的厚度大于榫眼的宽度时，接合时胶液被挤出，接合处不能形成胶缝，则其强度反而会下降，且在装配时容易产生劈裂。

2. 榫头的宽度

榫头的宽度视工件的大小和接合部位而定。一般来说，榫头的宽度比榫眼长度大 0.5~1.0 mm 时接合强度最大，硬材取 0.5 mm，软材取 1.0 mm。当榫头的宽度大于 25 mm 时，宽度的增大对抗拉强度的提高并不明显，所以当榫头的宽度超过 60 mm 时，应从中间锯切一部分，将其分成两个榫头，以提高接合强度。

3. 榫头的长度

榫头的长度根据榫接合的形式而定。采用明榫接合时，榫头的长度等于榫眼零件的宽度（或厚度）；当采用暗榫接合时，榫头的长度不小于榫眼零件宽度（或厚度）的 1/2，一般控制在 15～30 mm 时可获得理想的接合强度。

暗榫接合时，榫眼的深度应大榫头长度 2 mm，这样可避免由于榫头端部加工不精确或涂胶过多而顶住榫眼底部的问题，形成榫肩与方材间的缝隙，同时又可以贮存少量胶液，增加胶合强度。

4. 榫头、榫眼（孔）的加工角度

榫头与榫肩应垂直，可略小于 90°，但不可大于 90°，否则会导致接缝不严。暗榫孔底可略小于孔上部尺寸 1~2 mm，不可大于孔上部尺寸；明榫的榫眼中部可略小于加工尺寸 1~2 mm，不可大于加工尺寸。

5. 榫接合对木纹方向的要求

榫头的长度方向应顺纤维方向，纤维横向易折断。榫眼开在纵向木纹上，即弦切面或径切面上，开在端头易裂且接合强度小。

（二）圆榫接合的技术要求

1. 材质

制造圆榫的材料应选用密度大、无节无朽、无缺陷、纹理通直、具有中等硬度和韧性的木材，一般采用青冈栎、柞木、水曲柳、桦木等。

2. 含水率

圆榫的含水率应比家具用材低 3%，在施胶后，圆榫可汲收胶液中的水分而使含水率提高。圆榫应保持干燥，不用时要用塑料袋密封保存。

3. 圆榫的直径、长度

圆榫的直径 d 与板厚关系是：$d=0.4B$，对于较薄或有特殊需要的

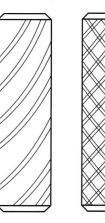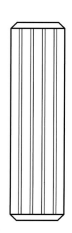

图 2.8 常见的圆榫形式

板，$d = 0.5B$。因此圆榫的直径为板材厚度的 0.4 ~ 0.5，目前常用的规格有 $\phi6$、$\phi8$、$\phi10$ 三种。圆榫的长度（L）为直径的 3 ~ 4 倍。目前常用的为 32 mm，不受直径的限制，常见的圆榫形式如图 2.8 所示。

4. 圆榫接合的配合要求

圆榫配合孔深：垂直于板面的孔，其深度 h_1=0.75 板厚或 $h_1 \leq 15$ mm；垂直于板端的孔深 $h_2=L-h_1+1.5$ mm，如图 2.9 所示。即孔深之和应大于圆榫长度 1.5 mm。

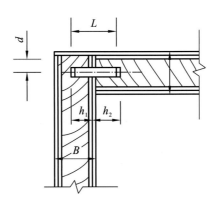

图 2.9　圆榫的尺度要求

圆榫与榫眼径向配合应采用过盈配合，过盈量为 0.1 ~ 0.2 mm 时强度最高。但在板式家具中，基材为刨花板时，过盈量过大会引起刨花板内部的破坏。

涂胶方式直接影响接合强度，圆榫涂胶强度较好；榫孔涂胶强度要差一些，但易实现机械化施胶；圆榫与榫孔都涂胶时接合强度最佳。

第二节
框架结构

框架是框式家具的基本结构部件，也是框式家具的受力构件，框式家具由一系列的框架构成。最简单的框架由纵横各两根方材通过榫接合而成，有的框架有嵌板，有的嵌玻璃，有的是中空的。纵向的方材称立边，横向的方材称帽头；如框架中间再加方材，纵向的称立撑，横向的称横撑（见图 2.10）。

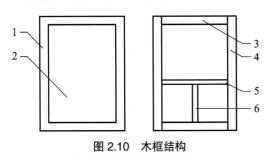

图 2.10　木框结构
1.木框；2.嵌板；3.帽头；4.立边；5.横撑；6.立撑

框架的框角接合方式，可根据方材断面及所用部位的不同，采用直角接合、斜角接合、中档接合等多种方式。

1. 直角接合

直角多采用整体榫接合，也有用圆榫接合的。图 2.11 为直角接合的常见形式。

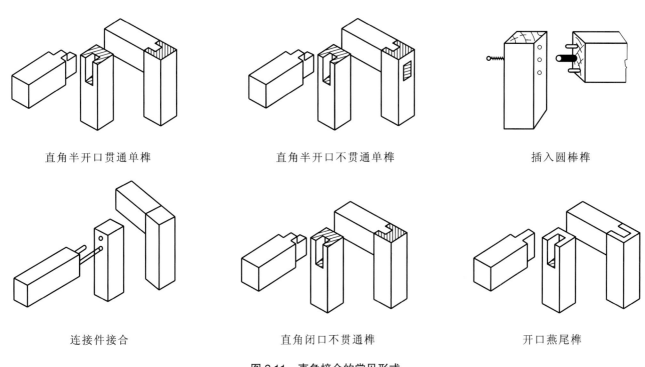

直角半开口贯通单榫　　　　　直角半开口不贯通单榫　　　　　插入圆棒榫

连接件接合　　　　　　　直角闭口不贯通榫　　　　　开口燕尾榫

图 2.11　直角接合的常见形式

2. 斜角接合

斜角接合可使不易装饰的方材的端部不外露，提高装饰质量，但其接合强度较小，加工较复杂。它是将两根接合的方材端部榫肩切成 45° 的斜面后再进行接合。图 2.12 为斜角接合的常见形式。

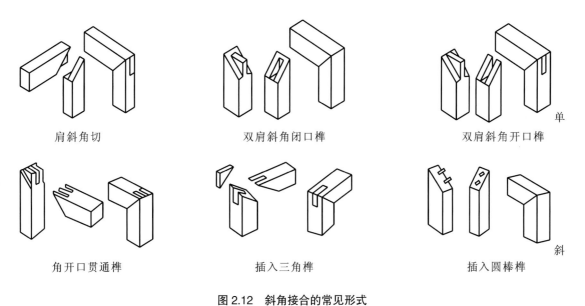

肩斜角切　　　　　　双肩斜角闭口榫　　　　　双肩斜角开口榫　单

角开口贯通榫　　　　　插入三角榫　　　　　插入圆棒榫　斜

图 2.12　斜角接合的常见形式

3. 木框中档接合

木框的中档接合包括各类框架的横档、立档，如椅子和桌子的牵脚档等。木框的中档接合的常见的形式如图 2.13 所示。

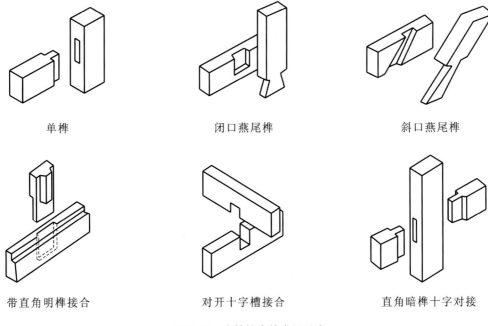

| 单榫 | 闭口燕尾榫 | 斜口燕尾榫 |

| 带直角明榫接合 | 对开十字槽接合 | 直角暗榫十字对接 |

图 2.13　中档接合的常见形式

第三节
嵌板结构

嵌板结构是框式家具中常用的结构形式，不仅可以节约珍贵的木材，同时也比整体采用方材拼接的结构稳定，不易变形。将人造板或拼板嵌入木框中间，起封闭与隔离作用的这种结构称为嵌板结构。木框嵌板有槽榫嵌板和裁口嵌板两种基本方式。

（1）槽榫嵌板，是在木框立边与帽头的内侧开出槽沟，在装配框架的同时将嵌板放入其中一次性装配好，其结构特点是不能拆卸更换嵌板。图 2.14 为槽榫法嵌板。

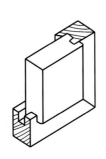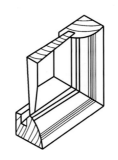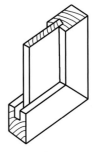

图 2.14　槽榫法嵌板结构

（2）裁口嵌板，是在木框内侧开出搭口，如图 2.15 所示，用木螺钉或圆钉将成型木条固定在嵌板上，使嵌板跟木框密切接合。这种结构易于更换嵌板，常用于玻璃、镜子的安装。裁口嵌板结构较繁琐，可用成型木条将镜子直接嵌在柜门上。

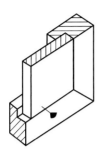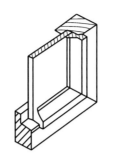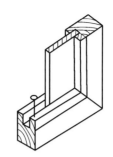

图 2.15　裁口嵌板结构

第四节
拼板结构

一、拼板

用窄的实木板胶拼成所需要宽度的板材称为拼板，传统的框式家具的桌面板、台面板、柜面板、椅座板、嵌板以及钢琴的共鸣板都采用窄板胶拼而成，为了尽量减少拼板产生的收缩和翘曲，用于拼板的单板块的宽度应有所限制。同时，同一拼板中板块的树种及含水率应一致，以保证形状稳定。

1. 板的接合方法

板的接合方法有平拼、企口拼、搭口拼、穿条拼、插入榫拼、螺钉拼等方法，如图 2.16 所示。

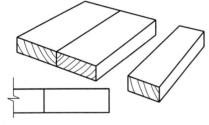

平拼　拼板侧面平直。此法优点是加工简单，应用广泛；缺点是板面不易对齐，易产生不平现象。

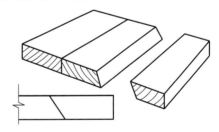

斜口拼　在平拼的基础上将平口改为斜口，可增大胶合面积，提高接合强度和材料利用率。

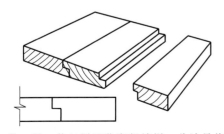

裁口拼　裁口拼又称高低缝拼，此法易将拼板对齐，防止凹凸不平，但加工复杂。

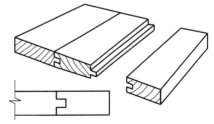

凹凸拼　凹凸拼简单可靠，当胶缝开裂时，拼板的凹凸结构仍可掩盖胶缝，但加工复杂。

图 2.16　板的接合方法

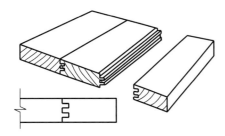

齿形拼　齿形拼又称指形拼，胶缝中有两个及以上的小齿形，拼合表面平整，厚度加工余量小，可节约木材，但加工复杂。

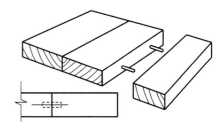

圆榫拼　圆榫拼的拼合面同平拼，加圆榫后可以增加接合强度，节约材料，但圆榫的孔位要求精度高，加工复杂。

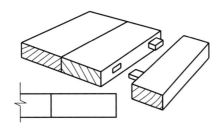

方榫拼　其原理同圆榫拼，比圆榫有更大的接合强度；但榫眼定位精度高，加工复杂。

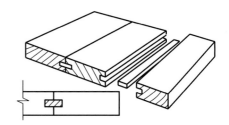

穿条拼　穿条拼加工简单，胶合强度高，木材消耗同平拼，常用胶合板边条作为拼接板条，是应用较广泛的拼接方法。

续图 2.16

2. 板的镶端结构

当木材含水率发生改变时，拼板的变形是不可避免的，为防止和减少拼板发生翘曲的现象，常采用镶端的方法加以控制，方法如图 2.17 所示。

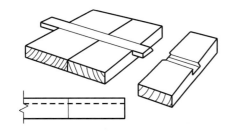

穿带拼　穿带拼是将穿带木条加工成燕尾形断面的楔形条，然后插入相应的槽口。此法一般用在其他拼接的基础上，用以防止板面翘曲。

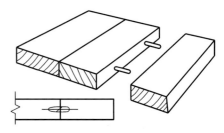

竹梢拼　竹梢拼与插入圆榫拼相同，可以增加接合强度，且加工简单，应用较广泛。

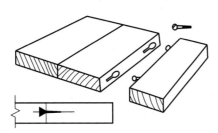

暗螺钉拼　在拼缝的一侧开出匙形孔槽，而在另一侧拧上螺钉，使螺钉头伸出部分的长度略小于匙形孔深，然后插入圆孔中并推入窄槽内，板面不留痕迹，接合强度大，但加工十分复杂。

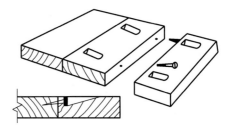

明螺钉拼　在拼板的背面钻出圆锥形凹坑。将木螺钉拧入并与邻板拼接，操作简单，接合强度大，可防止木材开裂脱胶。

图 2.17　板的镶端结构

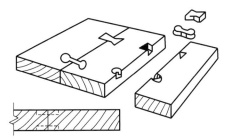

木销拼　将木制销嵌入拼板接缝处相应的凹槽中。此法较适合于拼合板，并可防止拼缝开裂。

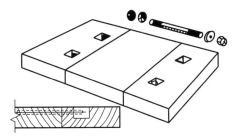

螺栓拼　螺栓拼是一种重型拼板方法，接合强度大，多用于实验台、工作台等的拼合。

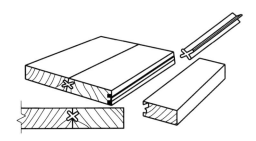

十字穿条拼　用十字形穿条取代平板拼条，是更加牢固而紧密的拼板方法。但加工十分复杂，需专用的设备加工。

续图 2.17

二、接长

为了节约材料，不仅仅是宽度方向的拼板，长度方向上的胶接的应用也越来越广泛，常用于餐台面等较长的零件上。常用的接长方式有对接、斜面接合和指形接合等方法，如图 2.18、图 2.19 所示。

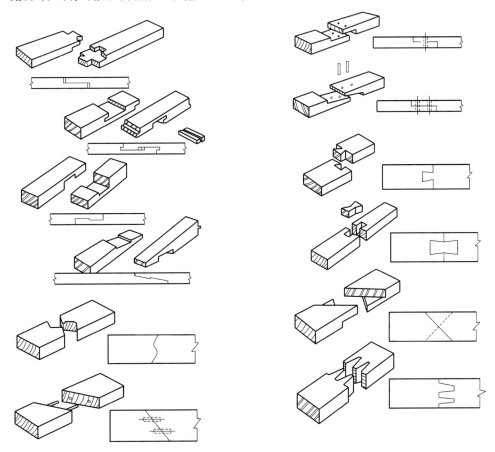

图 2.18　直线零件的接长方式

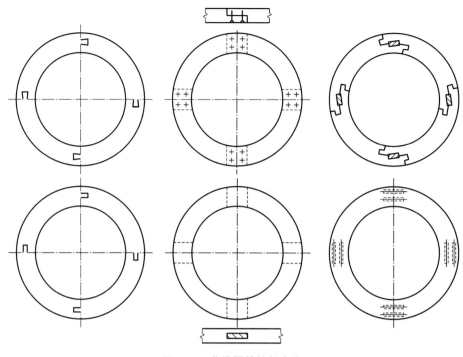

图 2.19　曲线零件接长方式

三、胶厚

断面尺寸大的部件和对稳定性有特殊要求的部件不仅在长度和宽度上需要胶接，还需要在厚度上胶合。厚度胶合主要采用平面胶合，各层拼板长度上的接头要错开。

第五节
箱框结构

箱框是由四块以上的板材构成的框体或箱体，如老式的衣箱、抽屉等。箱框结构常用的接合方法有直角多榫接合、燕尾榫接合、直角槽榫接合、插入榫接合及金属连接件接合等接合方式，如图 2.20 所示。

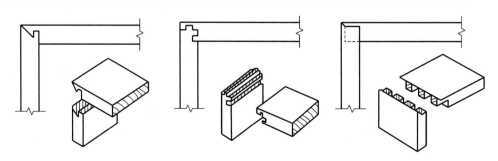

图 2.20　箱框结构常用的接合方法

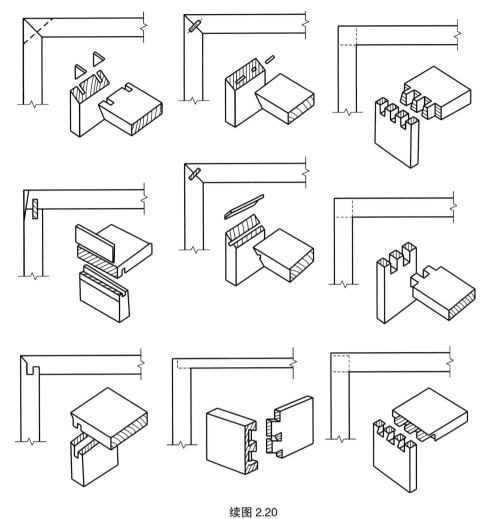

续图 2.20

箱框设计要点如下。

（1）箱框为实木板：其角部的接合宜用整体多榫。在整体多榫接合中，又以明燕尾榫接合居多。明燕尾榫接合强度最高，斜形榫次之，直角榫最次。

（2）箱框角接合为燕尾榫接合：论外观，全隐燕尾榫接合其榫端都不外露，最为美观；半隐燕尾榫接合有一面的榫端不外露，能保证一面美观；明燕尾榫接合其榫端都外露，最不美观。

因此全隐燕尾榫多用于包脚前角的接合；半隐燕尾榫多用于抽屉前角及其包脚后角的接合；明燕尾榫多用于要求接合强度较大的箱框角接合。

（3）对于接合强度要求较大的箱框角接合，可采用斜形多榫、直角多榫接合，如较大的包装箱、抽屉后角的接合。

（4）柜类家具的柜体的各种板式部件（含拼板部件），宜用各类连接件接合，不宜用整体多榫接合。

（5）箱框的中板接合，均可用圆榫接合，若为拼板也可用直角槽榫接合或直角榫接合，箱框中板接合的基本方法如图 2.21 所示。

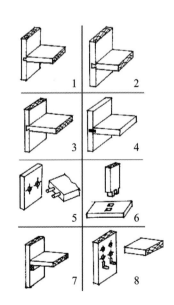

图 2.21　箱框中板接合的基本方法

第六节
古典家具结构

　　中国的古典家具，特别是明式家具在家具史上享有胜誉，以简洁而华贵著称，而其独特的结构也给中外专家留下了深刻的印象。柏林一份 18 世纪家具目录提到从前"选帝侯珍藏"中的一张装饰华丽的中国黄花梨拔步床：床架的奇特之点在于其构造中没有采用一根钉子，如图 2.22 和图 2.23 所示，所有其他方面也显示出制作者的艺术造诣和技巧。

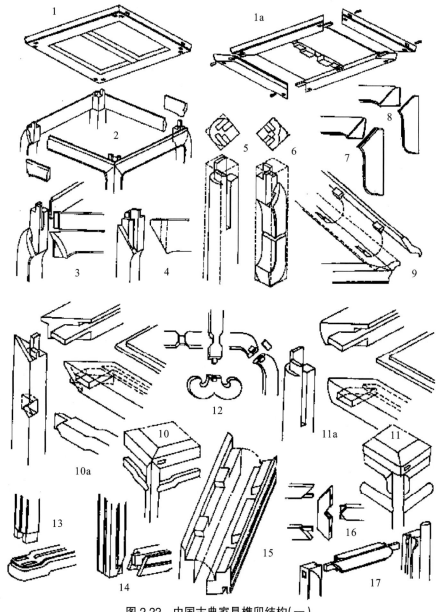

图 2.22　中国古典家具榫卯结构(一)

图 2.23 中国古典家具榫卯结构(二)

一、作业与练习题

（1）传统框式家具的结构的特点是什么？有哪些细部结构？

（2）榫接合结构包括哪些类型？

二、阅读书目及相关网站推荐

（1）吴智慧，徐伟，软体家具制造工艺，中国林业出版社，2008。

（2）（美）科恩著，王来，马菲译，彼得·科恩木工基础，北京科学技术出版社，2013。

（3）张仲凤，家具结构设计，机械工业出版社，2012。

（4）www.365F.com（天天家具网、设计论坛）。

第三章

板式家具的结构设计与制造工艺

BANSHI JIAJU DE JIEGOU SHEJI YU ZHIZAO GONGYI

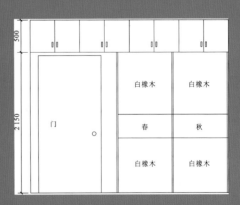

学习目标

本章主要学习板式家具结构设计与制造工艺，理解模块化的"32 mm 系统"设计与结构方式，"32 mm 系统"的精髓是建立在模数化基础上的零部件的标准化，其设计时不是针对一件产品而是考虑一个系列。"32 mm 系统"中的系列部件因模数关系而相互关联，其核心是旁板、门和抽屉的标准化、系列化。

第一节
板式家具

板式家具，是指以人造板为基材，对其表面进行覆面装饰的构件，其较常采用的是空心的结构形式，即常说的空心板。空心板内部是一个木框，木框中间可以用不同结构和不同材料的填充物加以填充，以保证板表面的平直，而不产生凹陷现象。

板式家具的主要材料是人造板材，包括中密度纤维板、刨花板、胶合板、细木工板、覆面刨花板（三聚氰胺板）、薄木等。板件的形式一般可分为两种：实心板、空心板。实心板主要以刨花板或中密度纤维板为芯板，面覆装饰材料，如薄木、木纹纸、防火胶板等。空心板根据芯板的结构不同，可以分为栅状空心板、格状空心板、网格空心板、蜂窝空心板等，其中三种空心板如图 3.1 所示。目前最常用的是栅状空心板。

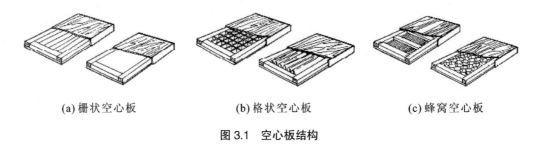

(a) 栅状空心板　　　　　　(b) 格状空心板　　　　　　(c) 蜂窝空心板

图 3.1　空心板结构

第二节
32 mm 系列自装配家具

板式家具摒弃了框式家具中复杂的榫卯结构，发现了新的更为简便的接合方式，就是现代家具五金件与圆

（棒）榫连接的方式。而安装五金件与圆榫所必需的圆孔是由钻头间距为 32 mm 的排钻加工完成的。为获得良好的连接，"32 mm 系统"就此在实践中诞生，并成为世界板式家具的通用体系，现代板式家具结构设计被要求按照"32 mm 系统"规范执行。

所谓"32 mm 系统"是指一种新型结构形式与制造体系。简单来讲，32 mm 一词是指板件上前后、上下两孔之间的距离是 32 mm 或 32 mm 的整数倍，在欧洲也被称为"EURO"系统，其中：E——Essential knowledge，基本知识；U——Unique tooling，专用设备的性能特点；R——Required hardware，五金件的性能与技术参数；O——Ongoing obility，不断掌握关键技术。

32 mm 系列自装配家具，也称拆装家具（knock down furniture，KDF），并进一步发展成为待装家具（ready to assemble，RTA）及 DIY（do it yourself）家具。32 mm 系列自装配家具，其最大的特点是产品就是板件，可以通过购买不同的板件而自行组装成不同款式的家具，用户不仅仅是消费者，同时也参与设计。因此，板件的标准化、系列化和互换性应是板式家具结构设计的重点。

另外，32 mm 系列自装配家具，在生产上采用标准化生产，便于质量控制，且提高了加工精度及生产率；在包装贮运上，采用板件包装堆放，有效地利用了贮运空间，解决了破损、难以搬运等麻烦。

"32 mm 系统"以旁板的设计为核心。旁板是家具中最主要的骨架部件，家具的顶板（面板）、底板、层板以及抽屉道轨都必须与旁板接合。因此，旁板的设计在 32 mm 系列家具设计中至关重要。在设计中，旁板上主要有两类不同概念的孔：结构孔、系统孔。前者是形成柜类家具框架体所必须的结合孔；后者是装配搁板、抽屉、门板等零部件所必须的孔，两类孔的布局是否合理，是"32 mm 系统"成败的关键。

（一）系统孔

系统孔一般设在垂直坐标上，分别位于旁板前沿和后沿，如图 3.2 所示。若采用盖门，前轴线到旁板前沿的距离（K）为 37（28）mm；若采用嵌门或嵌抽屉，则 K 应为 37（或 28）mm 加上门板的厚度。后轴线也同原理计算。前后轴线之间及其辅助线之间均应保持 32 mm 整数倍距离。通用系统孔孔径为 5 mm，孔深度规定为 13 mm，当系统孔用作结构孔时，其孔径根据选用的配件要求而定，一般常为 5 mm、8 mm、10 mm、15 mm、25 mm 等。

（二）结构孔

结构孔设在水平坐标上。上沿第一排结构孔与板端的距离及孔径根据板件的结构形式与选用配件具体确定。若采用螺母、螺杆连接，其结构形式为旁板盖顶板（面板），如图 3.3 所示，一般第一排结构孔与板端的距离 $A = 25$ mm，孔径为 15 mm。

（三）旁板的尺寸设计

旁板尺寸图如图 3.4 所示。

旁板水平尺寸（W）按对称原则确定为 $D = Y + 37n$；

旁板的长度 $H = 2B + P + 32n$。

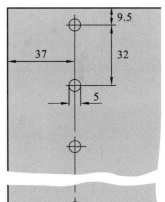
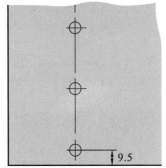

图 3.2　系统孔图例

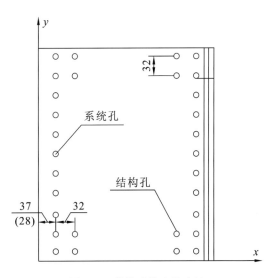

图 3.3　结构孔的定位方法

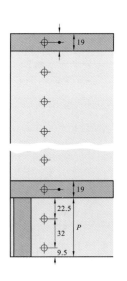
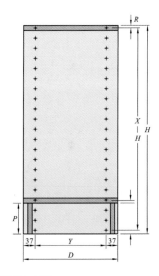

图 3.4　旁板尺寸图

第三节

板式家具生产工艺

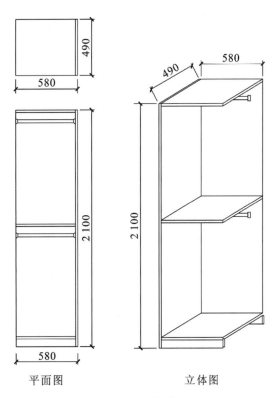

平面图　　　　　　立体图

图 3.5　直型柜体图

一、衣柜的设计标准分为以下几类

（一）直型柜体设计标准

直型柜体如图 3.5 所示。

1. 柜体单元柜设计标准宽度（W）

①330 mm；②480 mm；③580 mm；④800 mm；⑤801~1 200 mm 为可变宽度（注:尺寸包括一块 18 mm 的侧板）。

2. 柜体设计标准深度（D）

①带推拉门衣柜为 600 mm、650 mm；②不带推拉门衣柜为 490 mm、550 mm。

3. 柜体设计标准高度（H）

①1 800 mm；②1 950 mm；③2 100 mm；④2 250 mm；⑤2 400 mm；⑥以上设计标准高度均可加顶柜。

4. 柜体的组合形式

①"一"字形；②"L"形；③"U"形。

（二）衣柜 2 150 mm 标准高度尺寸标准

在原有的衣柜主体柜的高度标准中增加 2 150 mm 的标准高度，增加 2 150 mm 标准高度的原因和使用范围作如下说明，衣柜立面图如图 3.6 所示。

（1）增加 2 150 mm 高度标准的原因：

① 客户要求门后上方加吊柜，与带顶柜的衣柜上方平齐；

② 一般门的高度是 2 000 mm（H），有部分门的包线（门套）宽度是 100 mm，另外由于边缘不齐，实际可装尺寸为 2 110 mm 或 2 120 mm 左右，为规范级差，定为 2 150 mm 高度标准；

③ 如果门的包线（门套）不是 100 mm（一般是 60 mm 或 70 mm），则不需使用 2 150 mm 标准高度，用常规的 2 100 mm 标准高度即可。

（2）2 150 mm 高度标准使用范围：客户要求做 2 150 mm 标准高度的主体柜加顶柜，其前提条件必须是房间门后上方有吊柜的情况下才能使用，如单独做 2 150 mm 高的主体柜或加顶柜，算非标。

（3）此标准柜体结构同 2 100 mm 的层板位置一样，仅将顶板向上移动 50 mm，如果改动结构则算非标。

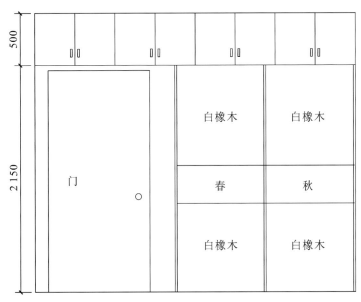

图 3.6　衣柜立面图

（三）顶柜设计标准

顶柜设计如图 3.7 所示。

1. 顶柜设计标准宽度（W）

①700 mm；②800 mm；③900 mm；④1 000 mm；⑤1 100 mm；⑥1 200 mm。

2. 顶柜设计标准深度（D）

①600 mm；②650 mm。

3. 顶柜设计标准高度（H）

①400 mm；②450 mm；③500 mm；④550 mm；⑤600 mm。

二、转角柜设计标准

转角柜设计尺寸如图 3.8 所示。

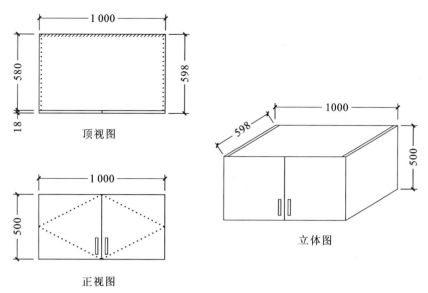

图 3.7　顶柜设计图

1. 转角柜设计标准宽度（W）

（1）标准尺寸为 900 mm × 900 mm（配 490 mm 深柜体）。

（2）标准尺寸为 900 mm × 1 050 mm（配 550 mm 深柜体）。

2. 转角柜设计标准深度（D）

①490 mm；②550 mm。

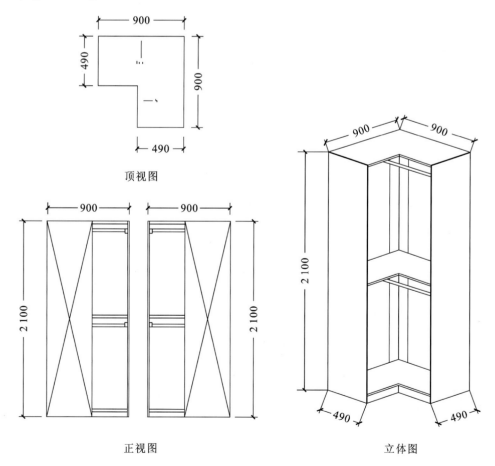

图 3.8　转角柜尺寸图

3. 转角柜设计标准高度（H）

①1 800 mm；②1 950 mm；③2 100 mm；④2 250 mm；⑤2 400 mm。

三、圆弧柜设计标准

圆弧柜设计尺寸如图 3.9 所示。

1. 圆弧柜设计标准宽度（W）

（1）对于 490 mm，550 mm 深的柜子设计标准宽度为：①200 mm；②330 mm；③400 mm；④490 mm。

（2）对于 600 mm，650 mm 深的柜子设计标准宽度为：①330 mm；②400 mm；③490 mm；④600 mm。

2. 圆弧柜设计标准深度（D）

①490 mm；②550 mm；③600 mm；④650 mm。

3. 圆弧柜设计标准高度（H）

①1 800 mm；②1 950 mm；③2 100 mm；④2 250 mm；⑤2 400 mm。

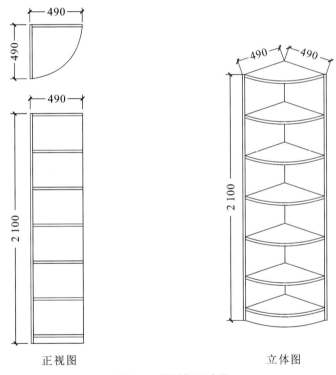

图 3.9　圆弧柜尺寸图

四、衣柜功能件设计标准

1. 抽屉

设计标准宽度：462 mm、562 mm、782 mm。

设计标准深度：400 mm（依道轨长度定）。

板件规格：抽面板 18 mm、侧板 12 mm、尾板 12 mm、底板 5 mm。

配件：隐藏式半拉道轨、拉手。

2. 拉板

设计标准宽度：462 mm、562 mm。

设计标准深度：450 mm。

板件规格：面板 18 mm、拉板 18 mm。

配件：隐藏式半拉道轨。

3. 裤架

设计标准宽度：462 mm、562 mm、782 mm。

设计标准深度：400 mm（配 6 根裤架杆）。

板件规格：面板 18 mm、侧板 18 mm、尾板 18 mm。

配件：三节道轨。

4. 格子架

设计标准宽度：462 mm、562 mm、782 mm。

设计标准深度：400 mm。

板件规格：面板 18 mm、侧板 12 mm、尾板 12 mm、隔板 9 mm、底板 9 mm。

配件：隐藏式全拉道轨。

一、作业与练习题

（1）板式家具的结构特点是什么？有哪些细部结构？

（2）"32 mm 系统"的设计准则有哪些？

二、阅读书目及相关网站推荐

1. 吴智慧，木家具制造工艺学，中国林业出版社，2012。

2.（美）科恩著，王来，马菲译，彼得·科恩木工基础，北京科学技术出版社，2013。

3. 张仲凤，家具结构设计，机械工业出版社，2012。

4. www.365F.com（天天家具网、设计论坛）。

第四章

软体家具的结构设计与制造工艺

RUANTI JIAJU DE JIEGOU SHEJI YU ZHIZAO GONGYI

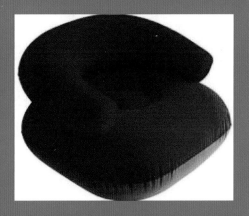

学习目标

本章主要学习软体家具结构设计与制造工艺，并根据软体家具的特性设计家具作品。

凡是坐、卧类家具与人体接触的部位由软体材料制成或由软性材料饰面的家具统称为软体家具，例如沙发、床等家具。软体家具属于家具中的一种，它包含了休闲布艺、真皮、仿皮、皮加布类的沙发和软床。现代家具是分类更为明细的一种家具类型。软体家具的制造工序主要依靠手工工艺，主工序包括钉内架、打底布、粘海绵、裁、车外套到最后的扪工工序。

软体家具如图4.1所示，因环保、耐用等优点在市场中所占份额越来越大，逐渐成为一种消费潮流。按照主要使用材料和加工工艺不同，家具可分为木质家具、金属家具和软体家具，其中软体家具主要包括布艺家具和皮制家具。在人们越来越重视生活品质的今天，软体家具因色彩清雅、线条简洁，适合置于各种风格居室中，显示出独特魅力。据了解软体家具的更换率一般在7年左右，比一般家具的使用寿命要长。

图4.1　软体家具（红唇沙发）

第一节
支架结构

坐、卧类家具既承受静载荷，又承受动载荷及冲击载荷，因此其强度应满足要求。一般来说，软体家具都有支架结构作为支承，其中支架结构有传统的木结构、钢制结构、塑料成型结构及钢木结合结构，但也有不用支架的全软体家具。

1. 木制框架

木支架为传统结构，属于框架结构，采用明榫接合、圆钉接合以及连接件接合等方式连接。如图 4.2 所示受力大的部件，须挑选木质坚硬、弹性较好且无虫眼、节疤等缺陷的木材，有缺陷的木材，应安排在受力小的部位。因为有软体材料的包覆，除扶手和脚型等外露的部件，其他构件的加工精度要求不高。

木制框架沙发：一类是以传统的弹簧和棕丝等为主要弹性材料制作的沙发，如图 4.3 所示；另一类是以聚氨酯泡沫塑料或乳胶海绵等材料制作的沙发。

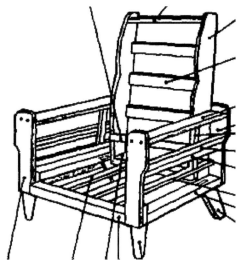

图 4.2　木制框架

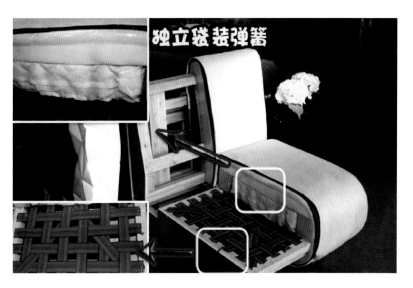

图 4.3　弹性布带制作的沙发解剖图

2. 金属框架

以一定规格的镀镍钢管或氧化的铝材等为框架的结构材料，其垫衬物大体上同木制沙发相同，具有材料强度大、结构坚固、工艺简单、美观大方、生产效率高等特点。金属框架沙发造型美观，外表色彩鲜艳，在座面和靠背处，大多嵌钉泡沫塑料等富有弹性的垫衬物，使用舒适且较为灵便，如图 4.4 所示。

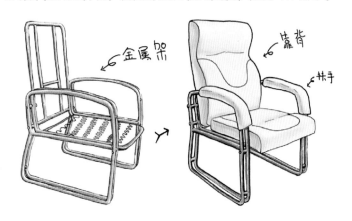

图 4.4　钢架沙发设计图

3. 塑料框架

采用以塑代木作结构材料，通过发泡或浇注后成型的沙发叫做塑料沙发，如图 4.5 所示。塑料沙发更新了传统的沙发制作工艺，具有外形美观、工艺简单、结构一体、使用轻巧、坐感贴体等特点。同时，塑料沙发所需设备不复杂，原材料来源方便，有利于节约木材。

图 4.5　塑料框架的沙发

第二节

软体结构

1. 薄型软体结构

薄型软体结构也叫半软体结构，如用藤面、绳面、布面、皮革面、塑料纺织面、棕绷面及人造革面等材料制成的产品，也有部分用薄层海绵制成的。

这些半软体材料有的直接纺织在坐垫上，有的缝挂在座框上，有的单独纺织在木框上再嵌入座框内。

2. 厚型软体结构

厚型软体结构可分为两种形式，一种是传统的弹簧结构，利用弹簧作软体材料，然后在弹簧上包覆棕丝、棉花、泡沫塑料、海绵，最后再包覆装饰布面。弹簧有盘簧、拉簧、弓（蛇）簧等。

厚型软体结构的另一种形式为现代沙发结构，也叫软垫结构。整个软垫结构可以分为两个部分，一部分是由支架蒙面（或绷带）而成的底胎；另一部分是软垫，由泡沫塑料（或发泡橡胶）与面料构成。

第三节
充气家具

充气家具有独特的结构形式，其主要构件是由各种气囊组成，并以其表面来承受重量。气囊主要由橡胶布或塑料薄膜制成。充气家具的主要特点是可自行充气组成各种家具，方便携带或存放，但因为单体高度要保持其稳定性而受到限制。

图 4.6　充气沙发

图 4.7　沙滩浮床

充气家具多用于旅游家具，如各种充气沙发、沙滩浮床等，如图 4.6 和图 4.7 所示。

第四节
床垫

床垫的结构有多种，一种是弹簧结构，利用弹簧、泡沫塑料、海棉加面料等制成。在弹簧结构的基础上，针对床垫中间受力最大易塌陷等因素，又开发出独立袋装弹簧床垫，用高碳优质钢丝制成直桶形或棒槌形的弹簧，分别装入经特殊处理的棉布袋中，可独立承受压力且弹簧之间互不影响，使邻睡者不受干扰并且有效预防和避免摩擦。床垫的另一种结构是全棕结构，利用棕丝的弹性与韧性作软性材料加面料等制成；另外，还有磁性床垫等。

按承载人体重量划分，有弹性好的弹簧软床垫、水床垫、充气床垫，有柔软度高的乳胶泡沫床垫、棕榈床垫、磁性床垫、电动床垫、智能床垫等。弹簧软床垫具有良好的支撑性、贴合性及价格合理等特点，不仅内部弹簧结构不断改良更新以求更符合人体工程学，而且内填物及床垫表层也做了防菌、防螨虫处理，所以弹簧软床垫在市场上一直占主要地位，其销量占床垫总销量的85%以上。

按床垫造型划分，有普通床垫和仿双层床垫。普通床垫为标准单层结构。仿双层床垫从外观上看床垫表面与床芯分为两层结构，但其内部结构与普通床垫一样，仿双层是为了提高床垫的舒适性、缓冲性，增加床垫外观的立体感，便于拆分床垫最表层结构，而利用床垫滚边工序对床垫表面进行处理的一种手法。仿双层床垫从形式上又分为单面仿双层和双面仿双层，单面仿双层为床垫一面具有仿双层效果，双面仿双层为床垫的上下两面均具有仿双层效果。

按床垫功能划分，床垫可分为折叠床垫、分体床垫和可拆卸床垫等。其中分体床垫是目前较人性化的床垫，它按照人的不同体重，放置两个独立的弹簧床芯，使睡在弹簧床垫上的人翻身不会影响到睡在同一个床垫上的另一个人。分体床垫的两个床芯的中间区域由于弹簧有不同的支撑力度，所以不会有睡在两张床的夹缝上的感觉。

一、弹簧软床垫

弹簧软床垫是以弹簧及软质衬垫物为内芯材料，外表罩有织物面料或软席等材料制成的卧具，它的特点是弹性足、弹力持久、透气性好且与人体曲线有较好的贴合，使人体骨骼、肌肉能处于松弛状态而得到充分的休息。

1. 连接式弹簧床垫

连接式弹簧床垫如图4.8所示，用螺旋状铁线将所有个体弹簧串联在一起，使其成为受力共同体，虽稍具弹力，但因弹簧系统不完全符合人体工程学设计，牵一发而动全身，一处受压，附近的弹簧都会相互牵扯。

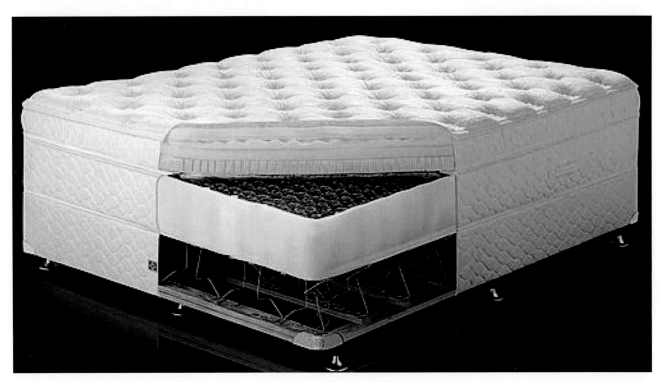

图4.8 连接式弹簧床垫

2. 袋装独立筒式弹簧床垫

袋装独立筒式弹簧床垫是将每一个独立体弹簧施压之后装填入袋，再加以连接排列而成，如图4.9所示。其特点是每个弹簧体为个别动作，独立支撑，能单独伸缩，各个弹簧再以纤维袋或棉袋装起来，而不同列间的弹簧袋再以黏胶互相黏合，因此当两个物体同置于床面时，一方转动，另一方不会受到干扰。

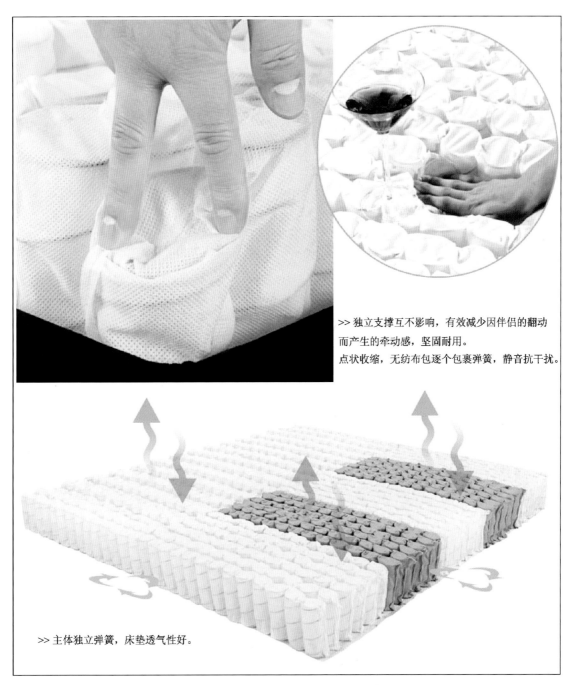

>> 独立支撑互不影响，有效减少因伴侣的翻动而产生的牵动感，坚固耐用。

点状收缩，无纺布包逐个包裹弹簧，静音抗干扰。

>> 主体独立弹簧，床垫透气性好。

图 4.9　袋装独立筒式弹簧床垫

3. 线状直立式弹簧床垫

线状直立式弹簧床垫是用一股不间断的精钢线，从头到尾将弹簧按一体型排列连接而成，如图 4.10 所示。其特点是采取整体无断层式架构，使弹簧顺着人体脊骨成自然曲线，适当而均匀地承托着人体。

4. 线状整体式弹簧床垫

线状整体式弹簧床垫是用一股不间断的精钢线，按照自动化精密机械的力学架构，将弹簧连接成整体，如图

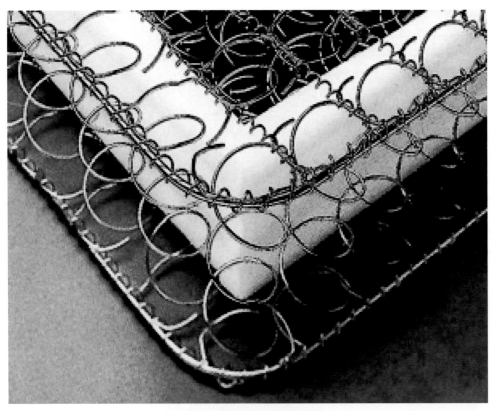

图 4.10　线状直立式弹簧床垫

4.11 所示。它是按照人体工程学原理，将弹簧排列成三角形架构，将所承受之重量与压力呈金字塔形支撑，受力往四周分布，确保弹簧的弹力永久如新，其特点是床垫软硬度适中，符合人体工程学原理，可以给人提供舒适睡眠和保护人体脊椎健康。

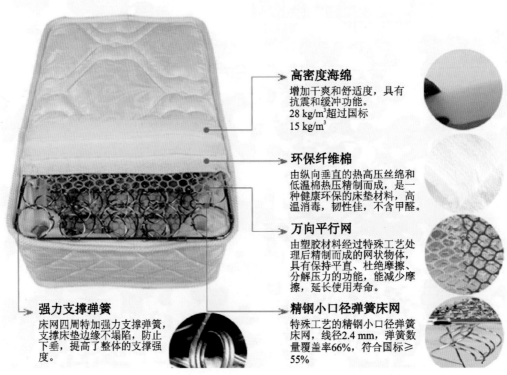

高密度海绵
增加干爽和舒适度，具有抗震和缓冲功能。
28 kg/m³超过国标
15 kg/m³

环保纤维棉
由纵向垂直的热高压丝绵和低温棉热压精制而成，是一种健康环保的床垫材料，高温消毒，韧性佳，不含甲醛。

万向平行网
由塑胶材料经过特殊工艺处理后精制而成的网状物体，具有保持平直、杜绝摩擦、分解压力的功能，能减少摩擦，延长使用寿命。

强力支撑弹簧
床网四周特加强力支撑弹簧，支撑床垫边缘不塌陷，防止下垂，提高了整体的支撑强度。

精钢小口径弹簧床网
特殊工艺的精钢小口径弹簧床网，线径2.4 mm，弹簧数量覆盖率66%，符合国标≥55%

图 4.11　线状整体式弹簧床垫

二、充水床垫

水床垫如图 4.12 所示，就是内部充水的软床垫，主要采用橡胶或 PVC 胶囊，内装 250 kg 左右的清水，经密封而成。这种水床的独特之处是它可以有效调节床垫软硬度，从而给身体以最好的支撑，让身体得到真正的放松。水床垫的内部被设计成互通式的分条水柱，从而使床垫稳定、不摇晃，全身重量被水的浮力平均支撑，让脊柱处于自然的平直状态，达到消除疲劳、科学健康的睡眠效果。

图 4.12　水床垫

另外，一些细小的气管被密布在水柱周围，可以通过专门配备的打气筒来调节气管内气体的多少，达到有效调整软硬的效果。有的水床带有计算机自动温控系统，温度调节范围是 25~300 ℃，使水床保持冬暖夏凉。床垫底部的温控板可对水进行加热，然后间接作用于人体，能够促进人体血液循环和新陈代谢，达到消炎止痛的效果。

三、充气床垫

充气床垫采用 PVC 为材料，它的外侧有一小孔，可按各人需要进行充气或放气，气充足后，能变换人体在床垫上的着力点，使脊柱回到较正常的生理曲线状态。充气床垫既可居家使用，也可旅游使用，放掉气则其体积很小，携带方便。

四、泡沫、乳胶床垫

泡沫床垫，也就是聚氨酯泡沫床垫，具有不发霉、不折断、重量轻、弹性好等优点，触面能均匀分散压力，使人坐卧较舒适，当撤出压力后，马上恢复原状，且没有因弹簧和内部材料摩擦而产生的噪声。泡沫床垫一般设计成两层结构，用热熔胶胶结成整体床芯。

乳胶床垫选用盛产于巴西、马来西亚和我国海南等热带雨林地区的天然乳胶为原料，运用航天高科技工艺，使其在低温冷却塔内经超常压力高速雾化，喷进 1 000 ℃模具内迅速膨胀，经 150 t 重压一次成型的乳胶床芯，是取代以往床垫的海绵芯、弹簧钢架芯的新一代环保型床垫。乳胶床垫具有开放连通的组织结构，耐用而不易变形，具有防潮、抗菌等功效，其高回弹性可以使人体与床面完全贴和，且透气性良好，能均匀支撑人体各个部位，如图 4.13 所示，有效促进人体的微循环。

图 4.13　乳胶床垫

五、电动床垫

电动床垫如图 4.14 所示，其最大优点是可以依照阅读、看电视、聊天或睡眠等不同姿势的脊椎弯度，来电动调整床垫的弯曲幅度，提供人体坐卧时最良好的支撑力，让坐卧者感到舒适与放松，有些电动床垫还附有自动除湿的干爽功能，以提高舒适的睡眠质量。

图 4.14　电动床垫

六、棕榈床垫

棕榈床垫由棕榈纤维编制而成，如图 4.15 所示，一般质地较硬或硬中稍软，该床垫价格相对较低。棕榈床垫使用时有天然棕榈气味，耐用性能差，易塌陷变形，承托性能差，保养不好易虫蛀或发霉等。

图 4.15　棕榈床垫

七、磁床垫

磁床垫如图 4.16 所示，是在弹簧床垫的表层置有一块特制的磁片，以产生稳定的磁场，利用磁场的生物效应，起到镇静、止痛、改善血液循环、消肿等作用，属于保健性床垫。

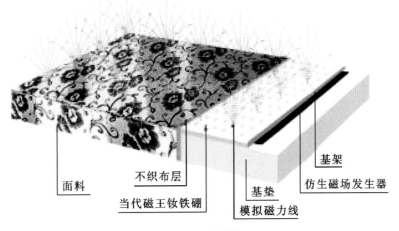

图 4.16　磁床垫

八、智能按摩床垫

图 4.17 所示为太空记忆气压按摩床垫。记忆棉材料是具有感温和减压性能的材料，能自动承托人体曲线和体重，可预防或减轻由睡眠引起的肌肉紧张、麻木、酸痛、打鼾和失眠的问题且能防霉、防菌，不会引起过敏。锯齿形底棉能最大限度增大受力面积且均分各部位受力点的受力，减小人体脊椎弯曲压力承托人体曲线和体重。床垫在对应人体的肩部、腰部、臀部、大腿和小腿的位置配置了 5 个气压按摩气囊，可选择不同的按摩模式。

太空记忆气囊按摩床，自动升降床架机构，能使人体的背部和腿部作上下 60° 的调节（手动升降床架机构可作背部角度调节）。气囊按摩床垫的床垫内芯采用锯齿形结构记忆棉或零压棉，床垫在对应人体的肩部、腰部、臀部与腿部的位置分别配置了气压按摩气囊，在腿部、臀部与腰部的位置并设振动按摩。太空记忆枕头或太空零压枕头的棉质有无数个孔，透气性好，散热快。

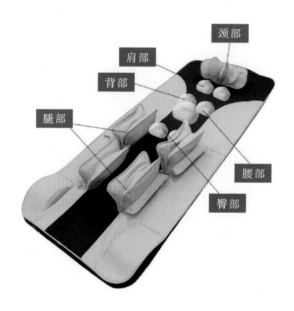

图 4.17　太空记忆气压按摩床垫

第五节
沙发制作工艺

一、传统木框架沙发制作工艺

1. 钉底带

用 50 mm 宽的绷带做底带时，底带应横竖交错排列，密度依弹簧的数量和受力情况而定，底带两端用钉分别固定在四周的边框上；也可用木底带，采用榫接合，同框架连接为一个整体。木底带呈平行排列，间距 65~80 mm，但木底带弹性较差。

2. 钉盘簧

钉盘簧就是将盘簧固定在绷带或木架上。当底带为绷带时采用缝接法,利用弯针、沙发绳将盘簧底层缝接在底带上;当底带为木底带时,采用钉接法,用骑马钉将盘簧底层钉在木架上。

盘簧的排列应根据盘簧最大外径和沙发坐身、靠背、软垫的实际尺寸来确定,排列应均匀。

3. 栓弹簧

栓弹簧是利用沙发绳将弹簧穿接成一个整体,这道工序是沙发制作中的一个重要环节,关系到沙发的制作质量和使用效果。栓接的方法一般采用吊底法,使纵横斜三个方向的绳路构成"米"字分布。

4. 底层布缝接

选择适当的布(传统用麻布)做底层包覆材料,采用缝接和钉接的方法,将底布与弹簧、支架固定在一起。

5. 制作填充层

棕丝、棉花、海绵等都可作为填充材料。填充层厚度应均匀,主要受力部位可适当增加厚度,以平整柔软为标准,不可出现凹凸不平的现象。

6. 面层布缝接

面层布主要起包覆固定填充层的作用,因此,面层布应具有一定的抗拉力。面层布缝接一般采用缝接和钉接的方法。

7. 蒙面

为使沙发饱满而富有弹性,在蒙面之前,应先在面料背面缝制一层薄胶棉,然后将裁剪好的面料缝接在一起,使其与沙发的轮廓一致,最后用枪钉固定在边框上。

8. 钉底布

底布包括座面底布和靠背底布,是沙发的一层保护性材料,防止灰尘进入沙发内部。钉底布一般采用泡钉固定。

二、现代沙发制作工艺

现代沙发制作在工艺上更为简单,一般不再采用弹簧作为软体材料,而采用发泡橡胶或泡沫塑料为软体材料。现代沙发制作时先做框架,然后根据设计要求包覆发泡橡胶,在包覆时应使其形状与外形一致,接着应在发泡橡胶上包覆一层柔软的薄胶棉,以提高沙发的柔软度与平整度,最后是蒙面,制作方法和传统方法一样。

1. 传统木框架沙发制作工艺流程

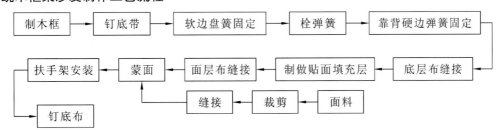

2. 常用弹簧间隙

名　称	种　类	横向间隙 /mm	纵向间隙 /mm
底座	软边	45~55	40~50
	硬边	45~55	60 左右
靠背		55~60	50~60

3. 钉底带

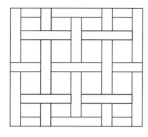

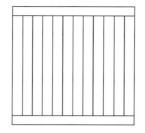

（a）绷带钉底　　　　　　　　　　（b）榫接合木底带

4. 弹簧与支架"米"字形连接

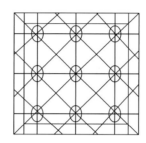

一、作业与练习题

（1）什么是软体家具？软体家具主要包括哪些？

（2）什么是沙发？沙发的分类方法有哪些？各有什么特点？

二、阅读书目及相关网站推荐

（1）吴智慧，徐伟，软体家具制造工艺，中国林业出版社，2008。

（2）薛坤，王所玲，黄永健，非木质家具制造工艺，北京：中国轻工业出版社，2012。

（3）www.365F.com（天天家具网、设计论坛）。

（4）www.design diffusion.com（设计传播、英文网站）。

第五章

金属家具的结构设计与制造工艺

JINSHU JIAJU DE JIEGOU SHEJI YU ZHIZAO GONGYI

学习目标

本章主要学习金属家具结构设计与制造工艺，并根据金属家具的特性设计家具作品。

凡以金属管材、板材或棍材等作为主架构，配以木材、各类人造板、玻璃、石材等制造的家具和完全由金属材料制作的铁艺家具，统称为金属家具，如图 5.1 所示。

人们常说的钢木家具从专业概念理解应为金属家具，钢木家具仅是金属家具中的一个种类。金属家具可以很好地营造家庭中不同房间所需要的不同氛围，也更能使家居风格多元化和更富有现代气息。

金属家具优势特点：极具个性风采、色彩选择丰富、品种丰富多样、具有折叠功能、颇具美学价值且物美价廉。

图 5.1　金属家具

第一节
金属家具的结构特点及连接形式

1. 结构特点

按结构的不同特点，金属家具的结构分为固定式、拆装式、折叠式、插接式。

（1）固定式：通过焊接的形式将各零部件接合在一起。此结构受力及稳定性好，有利于造型设计，但其表面处理较困难，占用空间大，不便运输。固定式金属家具如图 5.2 所示。

图 5.2　固定式金属家具

（2）拆装式：将产品分成几个大的部件，部件之间用螺栓、螺钉、螺母连接（加紧固装置），有利于其进行电镀和运输。拆装式金属家具如图 5.3 所示。

图 5.3　拆装式金属家具

（3）折叠式：可分为折动式与叠积式，常用于桌椅类。折动式是利用平面连杆机构的原理，以铆钉连接为主，存放时可以折叠起来，占用空间小，便于存放、携带与运输，使用方便。折叠式金属家具如图 5.4 所示。

图 5.4 折叠式金属家具

图 5.5 插接式金属家具

（4）插接式：利用金属管材制作，将小管的外径套入大管的内径，用螺钉将其连接固定。我们可以利用轻金属铸造二通、三通、四通的插接件。插接式金属家具如图 5.5 所示。

2. 连接形式

金属家具的连接形式主要可分为：焊接、铆钉连接、销连接。

（1）焊接：可分为气焊、电弧焊、储能焊。焊接的牢固性及稳定性好，多应用于固定式结构。焊接主要用于受剪力、载荷较大的零件。

（2）铆接：主要用于折叠结构。此种连接方式可将零件先进行表面处理后再装配，给工作带来方便。

（3）螺钉连接：应用于拆装式家具，一般采用来源广的紧固件，且一定要加防松装置。

（4）销连接：销也是一种通用的连接件，主要应用于不受力或受力较小的零件，起定位和帮助连接作用。销的直径可根据使用的部位、材料进行确定。起定位作用的销一般不少于两个；起连接作用的销的数量以保证产品的稳定性来定。

第二节
折叠结构

1. 折动式家具

折动结构是利用平面连杆机构原理，应用两条或多条折动连接线，在每条折动线上设置不同距离、不同数量的折动点，同时，必须使每个折动点之间的距离总和与这条线的长度相等，这样折动结构才能折得动，合得拢。随着家具产品的日益更新，新的折叠方式被应用于家具设计中。

2. 叠积式家具

叠积式家具不仅节省占地面积，还方便运输。越合理的叠积（层叠）式家具，叠积的数量就越多。

叠积式家具有柜类、桌台类、床类和椅凳类，但最常见的是椅类。

第三节
金属家具生产工艺

1. 管材的截断

进行管材截断的方法主要有四种：割切、锯切、车切、冲截。其中用金属车床切得的零件的端面加工精度高，一般用于管材需要使用电容式储能焊的零件加工；而冲截生产效率高，但冲口易产生缩瘪，因此其应用面较窄。

2. 弯管

弯管一般用在支架结构中。弯管工艺是指在专用机床上，借助型轮将管材弯曲成圆弧型的加工工艺。弯管一般可分为热弯、冷弯两种加工方法，热弯用于管壁厚或实心的管材，在金属家具中应用较少；冷弯在常温下弯曲，加压成型，其加压的方式有机械加压、液压加压及手工加压。

3. 钻孔与冲孔

当金属零件采用螺钉接合或铆钉接合时，零件必须钻孔或冲孔。钻孔的工具一般采用台钻、立钻及手电钻。冲孔的生产率比钻孔高 2~3 倍，加工尺度较为准确，可简化工艺。有时在设计中会用到槽孔，槽孔可利用铣刀铣出。

4. 焊接

焊接的方法有多种，常用的有气焊、电焊、储能焊等。钢管在焊接后会有焊瘤，必须切除，这样才能使钢管外表面平滑。

5. 表面处理

零件的表面要经过电镀或涂饰的处理，涂饰的方法有喷金属漆或电泳涂漆。

6. 部件装配

零件在进行最后的矫正后，根据不同的连接方式，用螺钉、铆钉等组装成为产品。产品加工工艺是否合理，是否有利于工业化生产，与家具的结构设计是密不可分的。合理的结构在很大程度上可简化工艺，提高生产率。

一、作业与练习题

（1）什么是金属家具？金属家具主要有哪些特点？

（2）金属家具的生产工艺是怎样的？

二、阅读书目及相关网站推荐

（1）薛坤，任仲泉，金属家具——材料的魅力：当代家具设计，东南大学出版社，2005。

（2）李重根，金属家具工艺学，化学工业出版社，2011。

（3）www.365F.com（天天家具网、设计论坛）。

（4）www.A963.com（中华室内设计网）。

第六章

塑料家具的结构设计与制造工艺

SULIAO JIAJU DE JIEGOU SHEJI YU ZHIZAO GONGYI

学习目标

本章主要学习塑料家具结构设计与制造工艺，并结合塑料制品的特性设计家具作品。

塑料具有质轻、坚牢、耐水、耐油、耐蚀性高、色彩佳、成型简单、生产率高等优点。其最主要的特点就是易成型，且成型后坚固、稳定，因此塑料家具常由一个单独的部件组成，如图 6.1 所示。同时塑料是一种高分子材料，具有优良的隔热、隔音、防潮、耐氧化等物理和化学性能，可根据家具需要与用途调配成不同的颜色、密度、软硬度，并有着极好的可塑性。它可在注塑机上一模多注，制造出成千上万个家具配件，装配出完全一样的家具。可塑空间大使得塑料材质在日常生活中所占的比重越来越高。塑料产品因为具有可塑性兼顾人体工程学、功能性、灵活性与耐用性，在造型、颜色、创意上的无限变化，更能符合家具设计师的想法，塑料的韧度特性也更贴近设计师的塑形要求，比其他材质更能完美展现设计师的美学理念。

图 6.1　塑料家具（天鹅椅）

塑料的品种很多，但常用于家具产品的塑料有：玻璃纤维塑料（玻璃钢）、ABS 树脂、高密度聚乙烯、泡沫塑料、亚克力树脂。ABS 树脂具有坚韧、刚性、质硬的综合性能，同时耐热性好，尺寸稳定不易变形，耐化学药品，易成型加工，主要用于塑料模压家具，塑料膜充气、充水形成的悬浮家具等。泡沫塑料质轻、无毒、压缩恢复好、保温隔热、透气性好，常用于制作家具坐垫靠背等。

在进行塑料家具设计时，我们主要应注意一些细部的结构，如塑料制品的壁厚、加强筋与支承面、模具的斜度与圆脚、孔与螺纹等。

第一节
壁厚、加强筋与支撑面

一、壁厚

壁厚就是塑料制品的厚度，塑料注塑成型工艺对制件壁厚尺寸有一定的限制，而塑料制件根据使用要求又必须具有足够的强度，因此，合理地选择制件的壁厚是很重要的（见表6-1）。

表6-1　常用塑料制件的壁厚范围

塑料名称	制件壁厚范围/mm	塑料名称	制件壁厚范围/mm
聚乙烯	0.9~4.0	有机玻璃	1.5~5.0
聚丙烯	0.6~3.5	聚氯乙烯（硬）	1.5~5.0
聚酰胺（尼龙）	0.6~3.0	聚碳酸酯	1.5~5.0
聚苯乙烯	1.0~4.0	ABS	1.5~4.5

根据使用条件，各种塑料制件都应有一定的厚度，以保证其机械强度。塑料制件壁厚太厚，则浪费原料，增加塑制品成本，同时在注塑过程中，在模内延长冷却或固化时间，容易产生凹陷、缩孔、夹心等质量上的缺陷；塑料制件壁厚太薄，熔融塑料在模腔内的流动阻力就越大，会造成制件成型困难。塑料制件壁厚应尽量均匀，壁与壁连接处的厚度不应相差太大，并且应尽量用圆弧连接，否则在连接处会由于冷却收缩的不均，而产生内应力使塑料制件开裂。

二、加强筋

有些塑料制品较大，由于壁厚的限制而达不到强度要求，所以必须在塑料制品的反面设置加强筋。加强筋的作用是在不增加塑料制件厚度的基础上增其机械强度，并防止塑料制件翘曲。

加强筋的形状和尺寸，如图6.2所示，其高度 h 通常为塑件壁厚 s 的三倍左右，并有2°~5°的脱模斜度。加强筋和塑料制件壁的连接处及端部都应以圆弧相连，防止应力集中影响塑料制件质量。加强筋的厚度 b 应为塑料制件壁厚的1/2。原则上，加强筋的厚度 b 不应大于塑件壁厚 s，否则其表面会产生凹陷，影响美观。

三、支承面

当塑料制件需要由基面作支承面时，如果采用整个基面（见图6.3（a））作支承面，一般来说这不是最理想的，因为在实际生产中制造一个相当平整的表面不是很容易的事。此时若设计用凸边（见图6.3（b））的形式来代替整体支承表面，那就比较理想了。

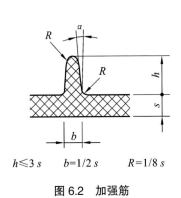

$h \leqslant 3s$ $b=1/2\,s$ $R=1/8\,s$

图 6.2　加强筋

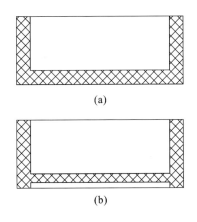

(a)

(b)

图 6.3　支撑面

第二节
塑料家具斜度与圆角

一、斜度

　　所有塑料制品都是经模塑成型的，由于塑料冷却时的收缩，有时塑料制件紧扣在凸模或型芯上，不易取下。为便于塑料制件脱模，设计时塑料制品与脱模方向平行的表面应具有合理的斜度（见表6-2）。

表6-2　塑料制品脱模斜度的参考值(α)

塑料名称	型　腔	成型空芯	塑料名称	型　腔	成型空芯
聚酰胺（尼龙）			有机玻璃	35′~1° 30′	30′~1°
通用	20′~40′	25′~40′	聚苯乙烯	35′~1° 30′	30′~1°
增强	20′~50′	20′~40′	聚碳酸酯	35′~1°	30′~50′
聚乙烯	20′~45′	25′~45′	ABS	40′~1° 20′	35′~1°

　　塑料制件的斜度取决于塑料制件的形状、壁厚和塑料的收缩率。塑料制件的斜度过小则脱模困难，会造成塑料制件表面损伤或破裂；但斜度过大又影响塑料制件的尺寸精度，达不到设计要求。在许可范围内，塑料制件的斜度应设计得稍大些，一般取30′~1° 30′。成型芯越长或型腔越深，塑料制件的斜度应取偏小值，反之可选偏大值，图6.4为斜度 α 示意图。

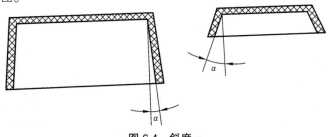

图 6.4　斜度 α

二、圆角

塑料制件的内、外表面及转角处都应以圆弧过渡，避免锐角和直角。如转角处设计成锐角或直角，就会由于塑料制件内应力的集中而使其开裂。塑料制件内、外表面转角处设计成圆角，不仅有利于物料充模，而且也有利于熔融塑料在模内的流动和塑料制件的脱模，并增加其强度（见图6.5）。

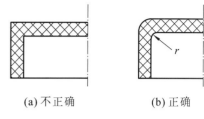

(a) 不正确　　　(b) 正确

图 6.5　圆角

第三节
塑料家具孔、螺纹、嵌件

一、孔

塑料制件上各种形状的孔如通孔、盲孔、螺纹孔等，应尽可能开设在不减弱塑料制件机械强度的部位。相邻两孔之间和孔与边缘之间的距离通常不应小于孔的直径，并应尽可能使塑料制件的壁厚厚一些。

二、螺纹

设计塑料制件上的内、外螺纹时，必须注意不影响塑料制件的脱模且不减少塑料制件的使用寿命。制作螺纹成型孔的直径一般不小于 2 mm，螺距也不宜太小，如图 6.6 所示。

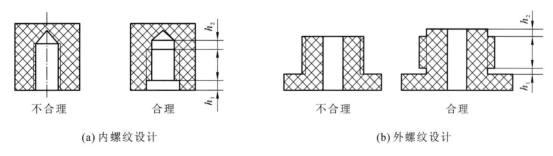

不合理　　　合理　　　　　　　　不合理　　　合理

(a) 内螺纹设计　　　　　　　　(b) 外螺纹设计

图 6.6　螺纹

三、嵌件

有时因连接上的需要，在塑料制件上必须镶嵌连接件（如螺母等）。为了使嵌件在塑料制件内牢固而不致脱落，嵌件表面必须加工成沟槽、滚花或制成特殊形状，如图6.7所示。

金属嵌件周围的塑料壁厚取决于塑料的种类、收缩率、塑料与嵌件金属的膨胀系数之差，以及嵌件形状等因素，但金属嵌件周围的塑料壁厚越厚，则塑料制件破裂的可能性就越小，其壁厚要求如表6-3所示。

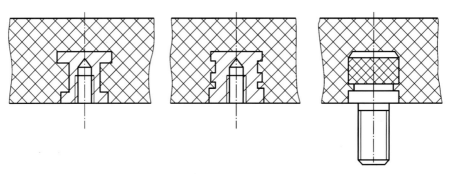

图 6.7　嵌件

表 6-3　金属嵌件周围塑料的最小壁厚

塑 料 名 称	钢制嵌件直径 D/mm	
	1.5~13	16~25
尼龙 66	0.5D	0.3D
聚乙烯	0.4D	0.25D
聚丙烯	0.5D	0.25D
聚氯乙烯	0.75D	0.5D
聚苯乙烯	1.5D	1.3D
聚碳酸酯	1D	0.8D
聚甲基丙烯酸酯	0.75D	0.6D
ABS	0.8D	0.6D

一、作业与练习题

（1）塑料家具构造的特点是什么？有哪些细部结构？

（2）结合课程学习参观 1~2 个不同类型的家具工厂，学习了解塑料家具生产的整套工艺流程。

二、阅读书目及相关网站推荐

（1）吴智慧，徐伟，软体家具制造工艺，中国林业出版社，2008。

（2）薛坤，王所玲，黄永健，非木质家具制造工艺，中国轻工业出版社，2012。

（3）www.365F.com（天天家具网、设计论坛）。

（4）www.design diffusion.com（设计传播、英文网站）。

（5）www.dolcn.com（设计在线、设计文摘）。

第七章

竹藤家具的结构设计与制造工艺

ZHUTENG JIAJU DE JIEGOU SHEJI YU ZHIZAO GONGYI

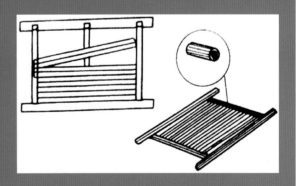

学习目标

本章主要学习竹藤家具的构造形式及一些制造工艺方法，并结合竹藤材料特性设计家具作品。

竹材、藤材同木材一样，都属于自然材料。竹材坚硬、强韧且竹子具有繁殖容易、生长快、成材早、产量高等特点，而且一次造林成功，可年年择伐，永续利用而不破坏生态环境。竹材纹理通直、色泽淡雅、材质坚韧，有韧性和可以高温弯曲等木材不具备的特点，具有硬阔叶材的诸多优点和很多其不具备的优点，是生产竹家具、竹地板及各种构件的理想材料。藤材表面光滑，质地坚韧、有弹性且给人以温柔淡雅的感觉。竹材、藤材可以单独用来制作家具，也可以同木材、金属材料配合使用。

第一节
竹藤家具的构造

（一）构造

竹和藤虽然是两种不同的材料，但在材质上却有许多共同的特性，在加工和构造上有许多是相同的，而且还可以互相配合使用。普通竹藤家具包括圆竹家具和藤家具，它们在构造上较为相似，一般可分为骨（框）架和面层两部分。

（1）骨架：竹藤家具的骨架可以采用竹杆或粗藤条制作，或者采用木质骨架，还可采用金属框架作为骨架。

（2）面层：竹藤家具的面层，一般采用竹篾、竹片、藤条、芯藤、皮藤编织而成。竹藤家具的面层指框架外围与人体相接触的表面。面层结构的关键是编织打结（简称编结）及收口的连接结构。竹藤家具的面层除某些产品（如桌、茶几面板）可以采用木质板类、玻璃等材料外，大部分是竹条板面或编织藤面。

（二）竹条板面

用多根竹条并联起来组成一定宽度的面称为竹条板面。竹条板面的宽度（竹条本身）一般为7~20 mm，过宽显得粗糙，过窄不够结实。

竹条端头的榫有两种，一种是插榫头，另一种是尖角头。

1. 孔固板面

竹条端头是插榫头或尖角头，固面竹杆内侧相应地钻间距相等的孔，将竹条端头插入孔内即组成了孔固板面，如图7.1所示。

2. 槽固板面

槽固板面是将竹条密排，端头不做特殊处理，固面竹杆内侧开有一道条形榫槽。槽固板面一般只用于低档的或小面积的板面，如图7.2所示。

3. 压头板面

固面竹杆是上、下相并的两根，因没有开孔槽，安装板面的架子十分牢固，加上一根固面竹杆，内侧有细长的弯竹衬做压条，因此其外观十分整齐、干净，如图7.3所示。

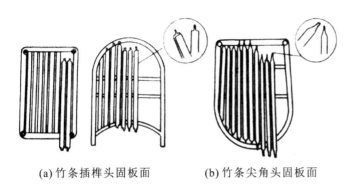

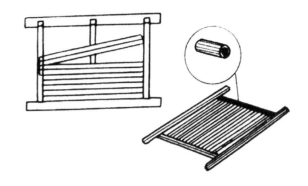

<table>
<tr><td>(a) 竹条插榫头固板面</td><td>(b) 竹条尖角头固板面</td></tr>
</table>

图 7.1　孔固板面

图 7.2　槽固板面

4. 钻孔穿线板面

钻孔穿线板面是穿线（竹条中段固定）与插榫（竹条端头固定）相结合的处理方法，如图 7.4 所示。

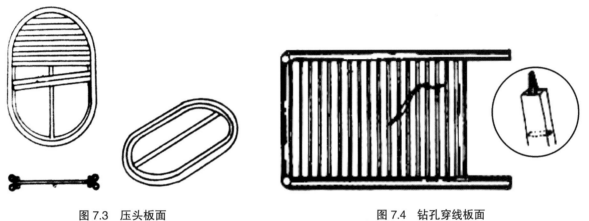

图 7.3　压头板面

图 7.4　钻孔穿线板面

5. 裂缝穿线板面

在裂缝穿线板面中从锯口翘成的裂缝中穿过的线必须扁薄，故常用软韧的竹篾片。竹条端头必须固定在固面竹杆上，竹条必须疏排，便于串篾与缠固竹衬，使裂缝闭合，如图 7.5 所示。

6. 压藤板面

取藤条置于板面上，与下面的竹衬相重合，再用藤皮或蜡篾穿过竹条的间隙，将藤条与竹衬缠扎在一起，使竹条固定，制成压藤板面，如图 7.6 所示。

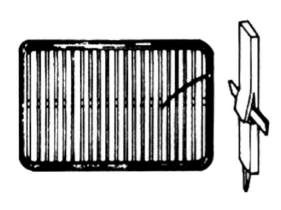

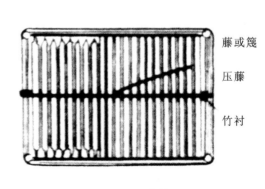

藤或篾

压藤

竹衬

图 7.5　裂缝穿线板面

图 7.6　压藤板面

第二节
竹藤家具骨架的接合方法

骨架的接合方法如下。

(1) 弯接法，一般包括如下几种方式。

① 火烤弯曲法：一般用于弯曲半径大的弯曲，如图 7.7 所示。

图 7.7　火烤弯曲法

② 锯口弯曲法：适用弯曲半径较小的弯曲，即在弯曲部位挖去一部分，形成缺口进行弯折，如图 7.8 所示。

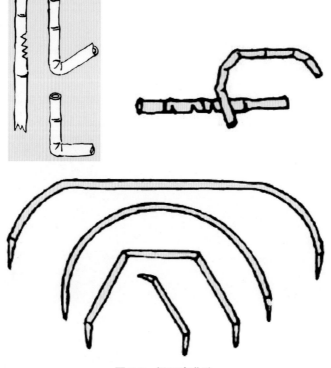

图 7.8　锯口弯曲法

③ 锯口夹接弯曲法：适用于框架弯接的小曲度弯曲，是在弯曲部分挖去一小节，夹接另一根竹藤材，在弯曲处的一边用竹签钉牢，以防滑动，如图 7.9 所示。

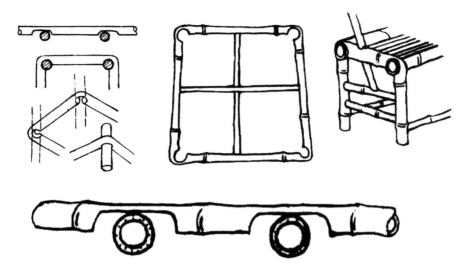

图 7.9　锯口夹接弯曲法

（2）缠接法，也称藤皮扎绕法，这种方法是竹藤家具中最为常用的一种方法，先在被连接的竹材上钉孔，再用藤条进行缠绕，如图 7.10 和图 7.11 所示。

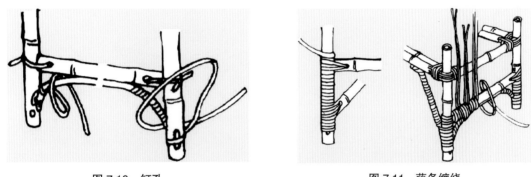

图 7.10　钉孔　　　　　　　　　　　　　　　图 7.11　藤条缠绕

藤制框架应先用钉子钉牢，组合成一个构件，然后再用藤皮缠接，如图 7.12 所示。

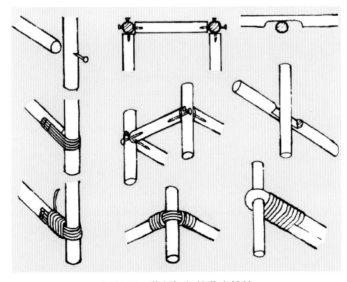

图 7.12　藤制框架的藤皮缠接

图 7.13 所示为一些缠接方法。

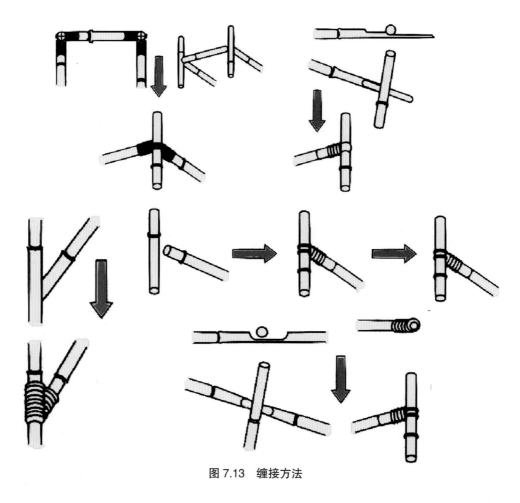

图 7.13　缠接方法

按其部位来说，有三种缠接法，如图 7.14 所示。

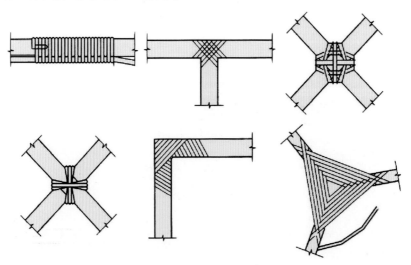

图 7.14　按部位划分的缠接法

① 用于两根或多根杆件之间的缠接。

② 用于两根杆件做互相垂直方向的一种缠接，分为弯曲缠接和断头缠接。

③ 中段缠接，用在两根杆件近于水平方向的一种缠接。

除此之外，还有在单根杆件上用藤皮扎绕，以提高触觉手感和装饰效果，如图 7.15 所示。

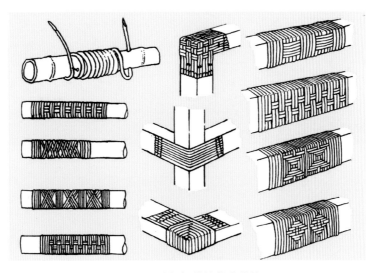

图 7.15 单根杆件的藤皮扎绕

（3）插接法是竹家具独有的接合方法，适用于两个不同管径的竹杆接合，在较大的竹管上挖一个孔，然后将适当的较小竹管插入，并用竹钉锁牢，也可用板与板条进行穿插，或用藤皮与竹篾进行缠接，如图 7.16 所示。

（4）竹框架的连接方法有以下四种，如图 7.17 所示。

（5）竹框架嵌接法，如图 7.18 所示。

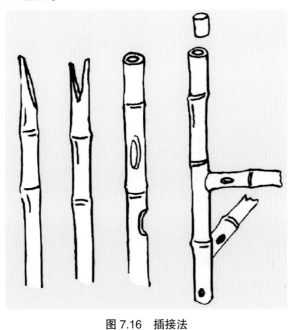

图 7.16 插接法

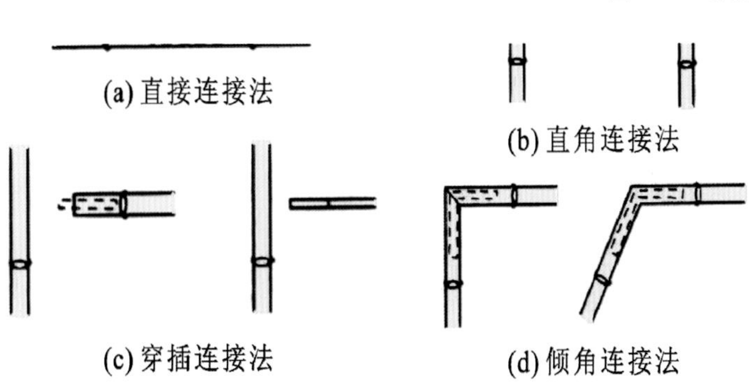

(a) 直接连接法

(b) 直角连接法

(c) 穿插连接法

(d) 倾角连接法

图 7.17 竹框架的连接方法

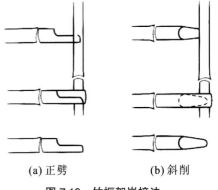

(a) 正劈　　(b) 斜削

图 7.18 竹框架嵌接法

第三节
竹藤编织方法

藤面可采用藤皮、藤芯、藤条或竹篾等编织而成，编织样式如图 7.19 所示。

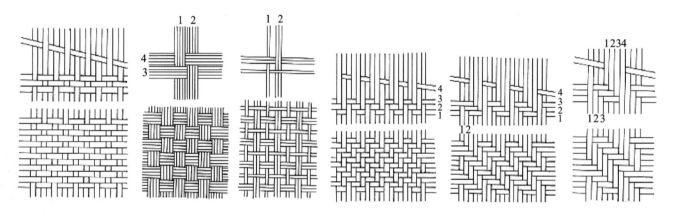

图 7.19　编织样式

竹藤编织的方法如下。

1. 单独编织法

单独编织法：用藤条编织成结扣和单独的图案。结扣用于连接构件，图案用于不受力的编织面上。

2. 连续编织法

连续编织法是一种用四方连续构图方法编织组成面的方法。采用藤皮、竹篾等扁平材料的编织称为扁平编织，采用圆形材料的编织称为圆材编织。

3. 图案纹样编织法

用圆形材料编织成各种形状和图案，安装于家具的框架上，起装饰作用及对受力构件的辅助支承作用。

一、作业与练习题

（1）竹藤家具的构造有哪些？骨架的接合方法有哪些？

（2）竹藤编织方法有哪些？

二、阅读书目及相关网站推荐

（1）吴智慧，竹藤家具制造工艺，中国林业出版社，2009。

（2）www.365F.com（天天家具网、设计论坛）。

（3）www.design diffusion.com（设计传播、英文网站）。

（4）www.dolcn.com（设计在线、设计文摘）。

第八章
家具五金连接件
JIAJU WUJIN LIANJIEJIAN

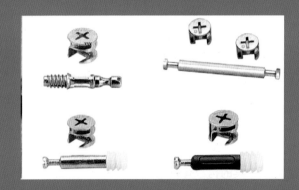

学习目标

本章主要学习家具五金连接件的分类及其结构特点与连接方式。

五金件（即家具五金连接件）是家具中不可缺少的一部分，也是家具装饰的重要组成部分。在古代家具中，柜门的门扇或抽屉上常用吊牌、面页和合页等进行装饰；在现代家具中，拆装式家具的问世、人造板材的广泛应用及"32 mm系统"的产生和发展，为现代家具五金配件（即五金连接件）的形成与发展奠定了坚实的基础。随着五金件的开发，五金件的种类越来越多，用材也不拘一格，可以是金属、玻璃、木材等材料。五金件的范围也不断扩大，除了传统的拉手、合页外，还有用于结构的偏心连接件、脚和脚轮以及家具软包制作用的泡钉等。

办公室自动化、厨房家具的变革以及现代家具设计"可持续发展""以人为本"的原则等因素再一次促进和推动了家具五金工业向高层次发展，使家具五金配件逐渐走进国际化时代。随着现代家具五金工业体系的形成，国际标准化组织颁布了 ISO 8554—1987、ISO 8555—1987 家具五金分类标准，将家具五金分为九类：锁、连接件、铰链、滑道、位置保持装置、高度调整装置、支承件、拉手、脚轮。部分家具五金如图 8.1 所示。

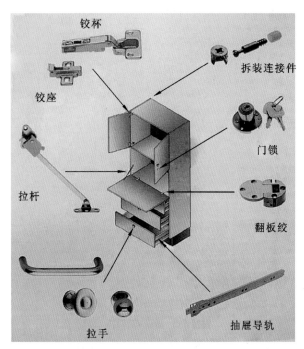
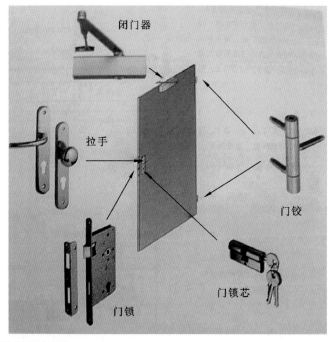

图 8.1　部分家具五金

第一节
连接件

将家具的零件组装成部件，再将零部件组装成产品，都需要应用连接件。零部件组装化生产已成为家具工业化生产的大趋势，因此具有可拆装结构的连接件得到了广泛的应用，成为各类五金中应用最为广泛的一种，如图 8.2 所示。

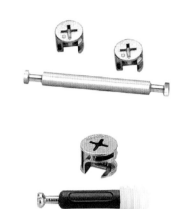

图 8.2　多种连接件

（一）材料及表面处理

连接件的常用材料有钢、锌合金及工程塑料等，其表面处理为镀锌、抛光、镀镍、镀铜与仿古铜等。

（二）分类

根据连接是否可拆卸，可将连接件分为固定和拆装两大类。可拆装连接件按其扣紧方式可分为螺纹啮合式、凸轮提升式（见图 8.3）、插接式连接件（见图 8.4）、斜面对插式、膨胀销接式及偏心螺纹啮合式等。其中，凸轮提升式连接件应用最为广泛，又称为偏心连接件。

图 8.3　凸轮提升式连接件

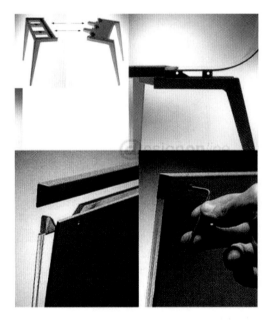

图 8.4　插接式连接件

（三）结构特点

钻孔安装是现代工业生产中采用的主要方式，因而要使一大部分拆装连接件具有圆柱形的外形结构特点，但一些处在隐蔽部位的拆装连接件则不受此限制。拆装连接件一般由 1~3 个部件配成一副，其中比例最大的是由两个部件配成一副的拆装连接件，称为子母件。子件多为螺钉或螺杆，但带有与母件相配合的各种结构形式的螺杆头。母件多为圆柱体并带有可与子件杆头相配合的"腹腔"，子母件多处在被连接部件的一方。子件首先在甲部件上固紧，然后穿过乙部件进入母体的"腹腔"，再将母体或母体腹腔内的部件转动一个角度，两者的配合使其进入扣紧状态，从而实现了部件之间的连接。母体腹腔内最初采用的是具有偏心凸轮形状的（蜗线状的）腔道结构设计，亦称为偏心连接件。

偏心连接件由圆柱塞母、吊杆及塞孔螺母等组成。吊杆的一端是螺纹，可连入塞孔螺母中，另一端通过板件的端部通孔，接在开有凸轮曲线槽内，当顺时针拧转圆柱塞母时，吊杆在凸轮曲线槽内被提升，即可实现两部件之间的垂直连接。其装配尺寸以及连接方式如图 8.5 和图 8.6 所示。

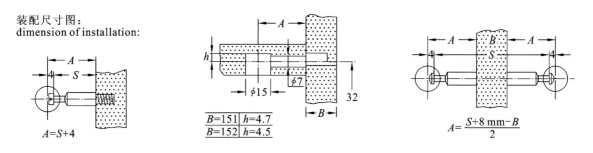

图 8.5　偏心连接件的装配尺寸

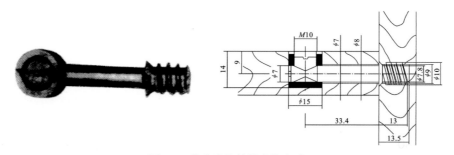

图 8.6　偏心连接件的连接方式

（四）连接方式

子件可以通过螺钉（自身结构或另配）与部件连接，也可以借助于预埋螺母来连接，前者常以 $\phi6$ 螺钉与 $\phi5$ 预钻孔直接配合，后者常用 $\phi10$ 预埋螺母。

母件根据其功能、结构、形状不同而异，可以是自身在部件预钻孔内活嵌、孔嵌，或另通过螺钉与部件相连接。

（五）技术规范与标准

拆装连接件品种结构繁多，新品还在不断开发，但绝大多数以钻孔安装为主，并且其安装孔径已被规范在如下系列中。

目前，国内企业用得最多的是偏心连接件，常用连接母件的直径有 10 mm、15 mm、25 mm 等。柜体结构中原来常用 $\phi25$，现在多数改为 $\phi15$，后者的视觉效果要好些，且其连接强度与母件直径几乎无关，$\phi10$ 的连接母件常被用于拆装式抽屉上。

拉杆长度规格较多，可任选，常用的尺寸是使母件孔心离边缘尺寸为 24.5 mm 或 33.5 mm（现在通常取整数为 25 mm 或 34 mm）。为了有利于抽屉的标准化、通用化设计，一般认为后者更合适。为了增强对安装工具的适应性，连接母件上与工具的接口最好选择"三用型"，即可用"一字""十字"与"内六角"三种工具中的任一种来进行操作。

第二节

铰链

（一）材料及表面处理

铰杯：锌合金压铸，镀镍；钢板冲压，镀镍；不锈钢冲压，尼龙。

铰臂：与铰杯相仿。

底座：锌合金压铸，镀镍，尼龙。

（二）分类

铰链是重要的功能五金之一，铰链的品种有门头铰、合页铰、杯形暗铰链与玻璃门铰等，其中技术难度最大的是杯形暗铰链。杯形暗铰链的品种以常规的直臂、小曲臂、大曲臂，ϕ35 及 ϕ26 杯径产品为主。杯形暗铰链的开启角一般在 90° 至 180° 范围内。欧洲与日本的企业还向用户提供一些特殊型号的暗铰链，以适应门与旁板非 90° 关闭形式（如角框）的设计要求。为适应某些特重门的需要，铰杯直径可加大到 ϕ40。

（1）合页：就是我们常说的一般合页，它可以用于橱柜门、窗子等，如图 8.7 所示。

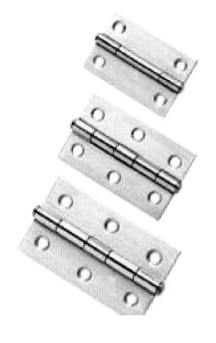

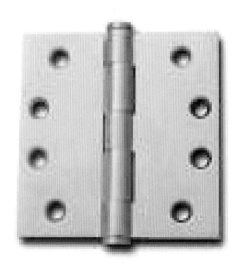

图 8.7　合页

　　合页从材质上可以分为铁质、铜质和不锈钢质，从规格上可以分为 2″（50 mm）、2.5″（65 mm）、3″（75 mm）、4″（100 mm）、5″（125 mm）、6″（150 mm）。50~65 mm 的铰链适用于橱柜门、衣柜门，75 mm 的适用于窗子、纱门，100~150 mm 的适用于大门中的木门、铝合金门。普通合页的缺点是不具有弹簧铰链的功能，安装铰链后必须再装上各种碰珠，否则风会吹动门板。另外，还有脱卸铰链、旗铰、H 铰等特殊铰链，它们使得有各种特殊需求的木门可以拆卸安装，很方便，使用时受方向限制，分左式和右式。

　　（2）弹簧铰链：主要用于橱柜门和衣柜门，它一般要求板厚度为 18~20 mm。其样式分类有很多，如图 8.8 所示。

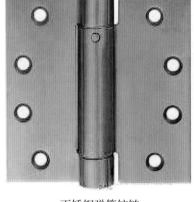

| 球铰链 | 不锈钢弹簧铰链 | 字母链 |

图 8.8　弹簧铰链

　　从材质上分，弹簧铰链可以分为镀锌铁铰链、锌合金铰链；从性能上分，弹簧铰链可以分为需打洞铰链、不需打洞铰链。不需打洞的铰链就是我们所称的桥式铰链。桥式铰链的外形看似一座桥，所以俗称桥式铰链。它的特点是不需要在门板上钻洞，而且不受式样限制。桥式铰链的规格有小号、中号、大号。需打洞的铰链就是目前常用在橱柜门上的弹簧铰链等。

　　弹簧铰链从形状上可分全盖（或称直臂、直弯）铰链、半盖（或称曲臂、中弯）铰链、内侧（或称大曲、大弯）铰链，其中部分铰链如图 8.9 所示。

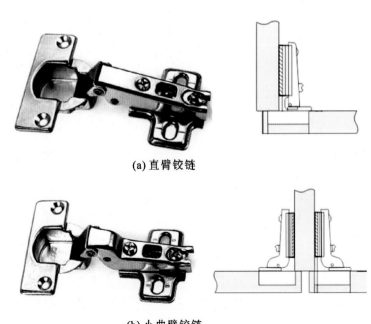

(a) 直臂铰链

(b) 小曲臂铰链

图 8.9　部分弹簧铰链

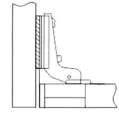

(c) 大曲臂铰链

续图 8.9

(3) 大门铰链分普通型和轴承型。轴承型从材质上可分为铜质、不锈钢质，从规格上分 100×75、125×75、150×90、100×100、125×100、150×100，厚度有 2.5 mm、3 mm。轴承有二轴承、四轴承。

(4) 其他铰链有台面铰链、翻门铰链、玻璃铰链（见图 8.10）。

玻璃铰链用于安装无框玻璃橱柜门上，要求玻璃厚度不大于 6 mm。玻璃铰链中需打洞的，具有弹簧铰链的一切性能。其不打洞的为磁吸式和上下顶装式，如图 8.11 所示。

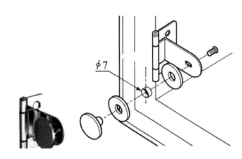

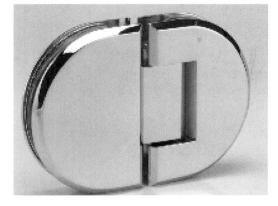

图 8.10　玻璃铰链　　　　　　　　图 8.11　玻璃门铰

（三）结构特点

暗铰链靠四连杆机构转动，单四连杆的暗铰链门的开启角度可以为 92°～130°；双四连杆的，可以开至最大（180°）。一般情况下装暗铰链的门在开启过程中会向前移位，开成 90° 时，门的内侧面将超出旁板的内侧面，所以在设计柜内的抽屉或放置衣盒时，要预留充分的空间，当然也有专门用于带抽屉柜的暗铰链。

为实现门的自弹与自闭，现在的暗铰链一般附有弹簧机构，有的弹簧机构可在开启角达到 45° 以上时进行空中定位，以免松手时门猛烈关闭而发出巨大声响并损坏柜体。

(四) 连接方式

1. 铰杯与门

门上预钻盲孔（ϕ35 mm、ϕ26 mm）嵌装铰杯，另通过铰杯两侧耳上的安装孔（两孔），利用螺钉接合与门连接，可在门上预钻 ϕ3 mm 或 ϕ5 mm（ϕ6 mm 欧式螺钉）盲孔。

2. 铰臂与底座

铰臂与底座有匙孔式（key-hole）、滑配式（slide-on）和按扣式（clip-on）等三种连接方式。

3. 底座与旁板

采用螺钉连接，在旁板"32 mm 系统"ϕ5 mm 的系统孔中安装 ϕ6 mm 欧式螺钉。在进行暗铰链的安装设计时，必须注意每种暗铰链的参数。对于不同的铰链，铰杯孔与门板边的距离、暗铰链的底座高度、门与旁板的相对位置，均有不同，如图 8.12 和图 8.13 所示。

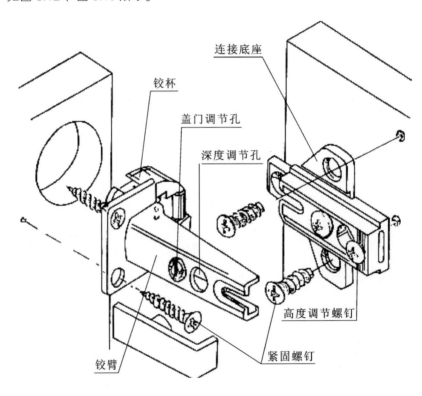

图 8.12　杯状暗铰链的安装

(五) 技术要求与标准

五金制造厂现在向用户提供的技术规范指导如下。

（1）给出参量定义。

（2）给出参量关系值表。

（3）给出相应的坐标曲线。

（4）除给出门打开后其内面超出旁板内面的距离外，还给出铰臂最高点超过旁板内面的距离。

一般已不要求用户按公式计算，而是以直观的图表来给出反映参量变化趋势的曲线和明确无误的数据选择，从而使用户感到更方便可靠。安装孔距标准以"32 mm 系统"为主要依据。

杯形铰分为全盖门、半盖门及嵌门三种形式，视设计需要而定。铰杯耳孔之间的距离有 42 mm、48 mm、52 mm

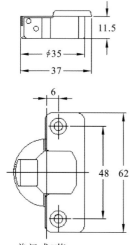

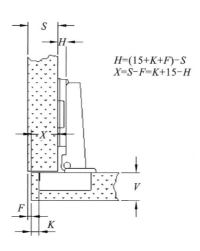

$$H=(15+K+F')-S$$
$$X=S-F=K+15-H$$

盖门式X值：
overlay type X value:

K\H	0	2
3	18	16
4	19	17
5	20	18
6	21	19
7	22	20

半盖门式X值：
half overlay type X value:

K\H	0	2
3	10	8
4	11	9
5	12	10
6	13	11
7	14	12

最小间隙 fmln：(minimum clearance fmln)

K\V	16	17	18	19	20	21	22	23	24	25	26
3	0.6	0.8	1.1	1.5	1.8	2.4	3.1	4.0	4.7	6.7	6.5
4	0.6	0.8	1.1	1.4	1.8	2.3	2.9	3.6	4.4	5.8	6.1
5	0.6	0.7	1.0	1.4	1.7	2.2	2.7	3.3	4.0	4.8	5.6
6	0.5	0.7	1.0	1.3	1.6	2.0	2.5	3.1	3.7	4.4	5.2
7	0.5	0.7	0.9	1.2	1.6	1.9	2.4	2.9	3.5	4.1	4.9

可配安装板
mounting plates

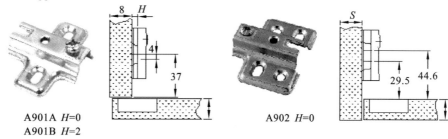

A901A H=0
A901B H=2

A902 H=0

图 8.13 全钢暗铰链系列

等，有专门的铰链孔钻孔机可将杯形孔与两耳孔一次打出，但在购置此设备时，应先确定选用何种铰链以配合钻轴间距。

第三节
滑动装置

　　滑动装置是一种重要的功能五金件。最常用的是抽屉导轨及移门滑道，此外还有电视、餐台面用的圆盘转动装置和卷帘门用的环形底路等，特殊场合还用到铰链与滑道的联合装置，如电视机柜内藏门机构等，如图 8.14 所示。

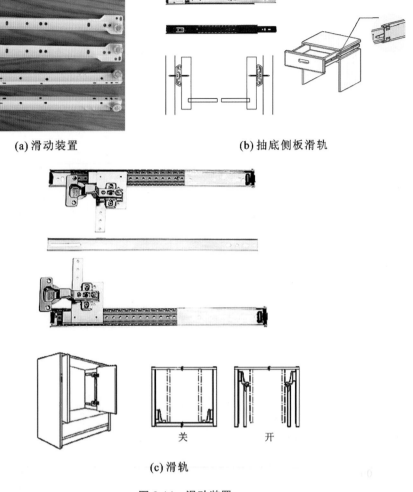

(a) 滑动装置   (b) 抽底侧板滑轨

关   开

(c) 滑轨

图 8.14　滑动装置

（一）材料及表面处理

钢板成型，环氧树脂涂覆，镀锌，ABS 工程塑料。

（二）分类

有各种不同长度、承载量、抽伸量的规格品种，分经济型、普通型和专用型等。其中专用型产品如下所示。

（1）用于打字机的抽盒（或抽板）。

（2）用于带电视机转盘的滑道组件。

（3）可将柜门藏入柜旁两侧的铰链、滑道组件。

（4）用于墙挂式抽柜的。

（5）用于塑料抽盒的。

（6）用于抽板的。

（7）用于带抽面、抽板的。

（8）藏书用滑道系统。

（9）厨房用滑道系统。

（10）办公柜滑道系统。

（三）结构特点

滑动装置主要由滑轮及滑轨构成。其结构形式因满抽或半抽以及不同安装位置而异。传统的安装位置在抽屉旁两侧中间（中嵌式），现在已开发出多种安装结构的产品，分类如下。

（1）托底安装式。

（2）在底部两侧安装式。

（3）在底部中间安装式（简易、单轨）。

（4）可在传统的木条或抽屉下面的隔板（搁板）上滑行。

1. 抽屉滑轨

抽屉滑轨根据其滑动的方式不同，可以分为滑轮式和滚珠式；根据安装位置的不同，可分为托底式、中嵌式、底部两侧安装式、底部中间安装式等；根据抽屉拉出距离柜体的多少，可分为单节道轨、双节道轨、三节道轨等。三节道轨多用于高档或抽屉需要完全拉出的产品中，如图 8.15 所示。

图 8.15　三节滚珠抽屉滑轨

轨道有多种型号规格，可根据抽屉侧板的长度自由选择，如图 8.16 所示。

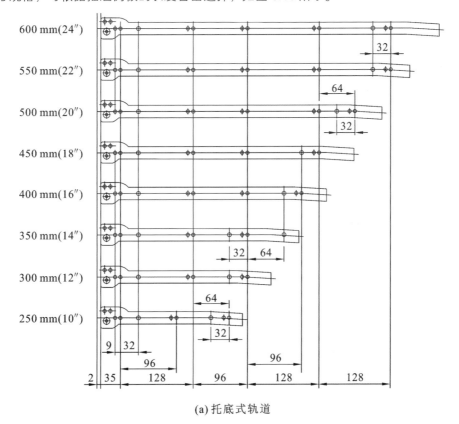

(a) 托底式轨道

图 8.16　抽屉滑轨

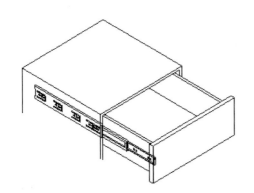

型号 type	安装长度 installed length	抽出长度 extension length	A	B
D310	250 mm	250 mm	—	96 mm
D312	300 mm	300 mm	—	128 mm
D314	350 mm	350 mm	—	128 mm
D316	400 mm	400 mm	96 mm	128 mm
D318	450 mm	450 mm	128 mm	128 mm
D320	500 mm	500 mm	192 mm	128 mm
D322	550 mm	550 mm	224 mm	128 mm
D324	600 mm	600 mm	256 mm	128 mm
D326	650 mm	650 mm	320 mm	128 mm
D328	700 mm	700 mm	320 mm	128 mm

(b) 轨道型号

续图 8.16

2. 抽屉滑轨安装示意

抽屉滑轨安装示意如图 8.17 所示。

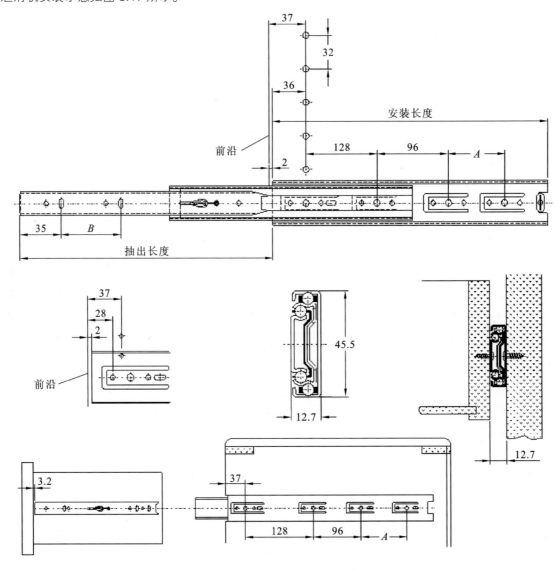

图 8.17 抽屉滑轨安装示意图

以最常用的托底式滑轨为例，道轨由两部分组成，与旁板相接的部分有三种类型的孔，分别为自攻螺钉孔、欧式螺钉孔及便于调节上下位置的椭圆形孔。安装孔的位置均按"32 mm 系统"设置，第一个孔离导轨端部 26 mm，第二个孔离导轨端部 35 mm，加上 2 mm 的安全间隙（防止导轨头冒出旁板边缘），刚好适合"32 mm 系统"中的 28 mm 或 35 mm 靠边距的系统安装孔，其他的孔距也均为 32 mm 或其倍数，与抽屉相接的部分，用自攻螺钉钉于抽屉侧板底部。在进行抽屉设计时，必须注意，抽屉侧板与柜旁板之间必须有 12.5 mm 的间隙且面板的第一个抽屉，必须保证屉桶与面板之间有最小 16 mm 的间隙，如图 8.18 所示。

定轨头部形状：

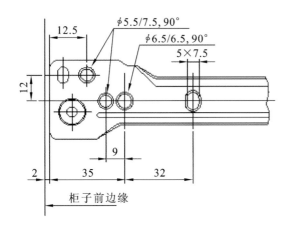

滑轨安装及间隙尺寸：

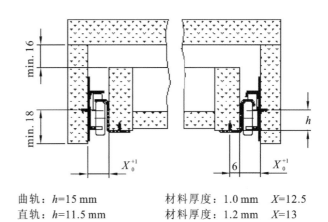

曲轨：h=15 mm　　材料厚度：1.0 mm　X=12.5
直轨：h=11.5 mm　材料厚度：1.2 mm　X=13

图 8.18　托底式滑轨

(四) 连接方式

一般滑道为两片分体式，与旁板相接的部分有三种类型的孔眼，分别为用于配合自攻螺钉孔、欧式螺钉孔及便于调节上下位置的"1"字形孔。对现场安装的用户，可配套专用工夹模具，以实现快速准确的钻孔和安装。

(五) 技术规范与标准

一般均采用公制，也有采用英制的产品。大多数两侧安装的产品已将抽屉旁与柜旁之间的留空距离规范为 12.5 mm（1/2in）。为适应中心线上第一安装孔距前端 28 mm 或 37 mm 的 32 mm 系列尺寸规范，都采用并列双孔的设计，使第一孔适合 28 mm 靠边距的系统孔安装用，间距 9 mm 处的第二孔适合 37 mm 靠边距的系统孔安装用，且该孔离导轨端部为 35 mm，与旁板上的 37 mm 有着 2 mm 的安全距离而不致于使导轨头冒出旁板边缘。

第四节

锁

锁主要用来锁门与抽屉，根据锁用于部件的不同，可分为玻璃门锁、柜锁、移门锁等，如图 8.19 所示。

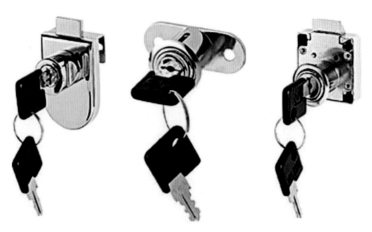

图 8.19　锁的种类

　　柜锁与移门锁的安装，只需在门板或抽屉面板上开 20 mm 圆孔，用螺钉固定，玻璃门锁则需在顶板或底板上开锁舌孔。

　　在现代办公家具中，为了同时实现对几个抽屉的锁紧而产生了连锁。

　　连锁的安装，需要在柜旁板上开 20 mm×6 mm 槽，锁杆装入其中，并利用"32 mm 系统"中的 37 mm 系统孔固定。

第五节
位置保持装置

　　位置保持装置主要用于活动部件的定位，如门用磁碰、翻门用吊杆等，如图 8.20 和图 8.21 所示。

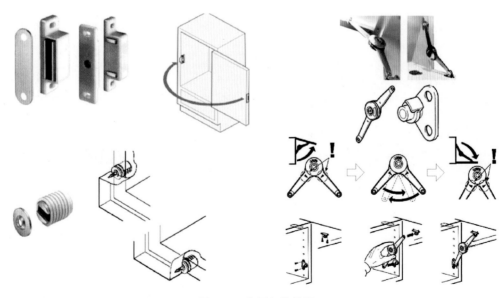

图 8.20　位置保持装置

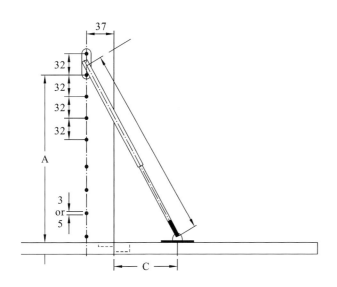

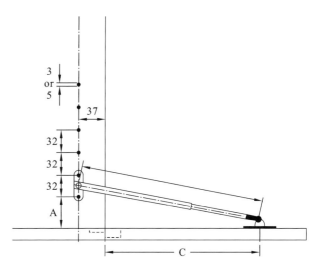

图 8.21　翻门吊杆

第六节
高度调整装置

高度调整装置主要用于家具的高度与水平距离的调校，如脚钉、脚垫、调节脚，以及为办公家具特别设计的鸭嘴调节脚等，如图 8.22 至图 8.24 所示。

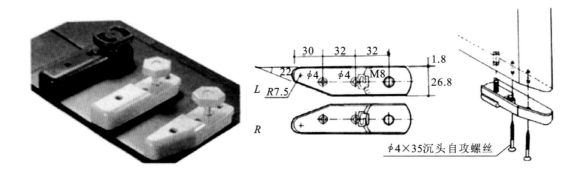

图 8.22　高度保持装置

图 8.23　调节脚

(a) 层板支架　　　　(b) 层板托　　　　(c) 玻璃层板托　　　　(d) 木座层板托层板柱

图 8.24　鸭嘴调节脚

第七节
支承件

支承件主要用于支承家具部件，如搁板销、玻璃层板销、衣棍座等。各种支撑件如图 8.25 至图 8.27 所示。

图 8.25　支撑件

续图 8.25

图 8.26　隔板销

$\phi 6.5$

69

62.5

42

ST3.5×15-C-H
GB846-85

图 8.27　衣通托

第八节
拉手

　　拉手属于装饰五金类，在家具中起着重要的点缀作用，其形式和品种繁多，如图 8.28 所示，有金属拉手、大理石拉手、塑料拉手、实木拉手、瓷器拉手等，还有专门用于趟门的趟门拉手（挖手）。

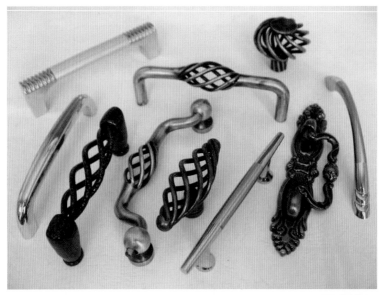

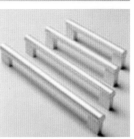

图 8.28 各种拉手

拉手分两种：一种安装在大门上，称为大门拉手；另一种拉手是安装在橱柜门上，称为家具拉手。大门拉手，螺丝正反对撬，门厚度为 12 mm，适用于无框门。它们的材质为铜、不锈钢或锌合金。

拉手与柜门或抽屉面板的连接主要靠机螺钉连接。塑料拉手、尼龙拉手、实木拉手等常用嵌铜螺母配机螺钉接合。在柜门或抽屉面上常预钻 φ4 mm 通孔。挖手则需在柜门或抽屉面板上开出相应的孔，上胶或不上胶连接。

在进行拉手的设计时，考虑到现代家具的标准化、通用化生产，所有的孔距标准均符合"32mm 系统"。

1. 材料及表面处理

基材主要有钢、铜、不锈钢、精炼锌合金、电解铝、铸铁、尼龙、塑料、树脂浇铸、大理石、花岗岩、瓷器、实木、木塑复合材（wood-plastic composites，WPC）等。

表面处理主要有静电喷塑、浸塑、树脂粉喷涂、镀镍、镀铬、保护涂层、镀金、镀钛、镀银、仿古铜、仿金、金银色系真空镀膜等。

2. 用色

欧洲厂商习惯使用黄色、米色、红色、深红色、勃艮第色、白色、黑色、深蓝色、深绿色、深橄榄色、烟色、木本色等。

3. 品种分类

一般按材料分类，有的再以造型特点或用途做细分，重视工业设计，紧跟设计潮流。

4. 结构特点

拉手的结构有整体式和组合式两种。后者在塑料、尼龙类拉手中多见。

5. 连接方式

拉手主要采用机螺钉或自攻螺钉连接。金属类拉手以 M4 机螺钉连接为主，尼龙类拉手配 φ4 自攻螺钉，塑料

类拉手配 φ3.5 自攻螺钉或嵌铜螺母配 M4 机螺钉。实木类拉手以嵌铜螺母配 M4 机螺钉为主。现已多采用专用螺钉以提高安装速度和连接强度。

6. 技术规范与标准

拉手的孔距标准都符合"32 mm 系统"，包括整模数或半模数。

第九节
脚轮

脚轮常装于柜、桌的底部，以便移动家具。

根据连接方式不同，可将脚轮分为平座式、丝扣式和插销式等，如图 8.29 所示。

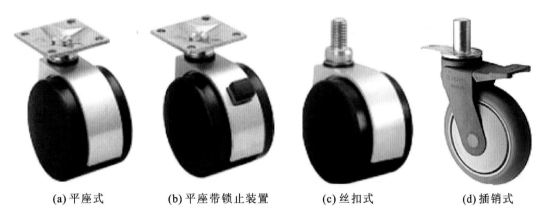

(a) 平座式　　　　(b) 平座带锁止装置　　　　(c) 丝扣式　　　　(d) 插销式

图 8.29　各种脚轮

第十节
其他五金件

除以上九大类五金件外，还有为现代自动化办公家具而特别设计的五金件，如用于走各种线而设计的线槽、线盒，这些特殊的家具配件，在使用时可以根据生产厂家提供的技术说明书或自己量取装配尺寸，如图 8.30 所示。

(a) 台脚、柜脚和沙发脚

(b) 领带架、裤架

(c) 挂钩

图 8.30　其他五金件

第十一节
家具五金的发展趋势

(一) 总的趋势

1. 以工业设计理论为指导

在以工业设计理论为指导的前提下，强调功能、造型、工艺技术、内在品质和工效的完美统一。产品不仅给人以视觉上的美感，同时也能通过触觉强烈地感受到产品的精致、灵巧，充分体现出产品的加工美，甚至可当作艺术品加以陈设。

2. 功能与使用

功能完备、使用方便。

3. 强调个性

强调造型设计的风格和个性特点，充分反映时代特征和现代人多层次的精神内涵。

4. 应用高新工艺技术

将高新工艺技术注入到产品中去，以追求创新和高品质，生产中采用零疵点的生产控制程序。

5. 提高工效

将提高工效的设计推向"热点"，把时间设计到产品中去，提倡只要一次动作，就能到位。

6. 标准化

开发出标准化、系列化、通用化五金件。

（二）典型家具五金件的发展方向

1. 拉手

拉手的造型及用色强调个性化设计，其表面处理趋向高贵，如用镀金、镀钛来强调质感及在金属拉手的捏手部位包覆氯丁橡胶，同时致力于高技术产品的开发。

2. 暗铰链

在增大开启角的难题得到解决后开始致力于铰臂与底座之间实现快速拆装的设计研究，如按扣式铰链等。

3. 滑道

向安装简便、美观耐用、使用舒适、功能延伸等方面进行。

4. 拆装连接件

减小母件直径，对传统偏心结构加以变革，使其自锁性能更理想、更不易松动。

5. 其他

向广度与深度发展，填补结构设计上的空白。

一、作业与练习题

（1）简述家具五金件的分类。

（2）简述五金件规格及连接方式。

二、阅读书目及相关网站推荐

（1）许柏鸣，家具设计，中国轻工业出版社，2009。

（2）www.365F.com（天天家具网、设计论坛）。

（3）www.design diffusion.com（设计传播、英文网站）。

（4）www.dolcn.com（设计在线、设计文摘）。

文参
献考

JIAJU JIEGOU SHEJI YU ZHIZAO GONGYI

[1] 王逢瑚.家具设计[M].北京：科学出版社，2010.

[2] 张仲凤，张继娟.家具结构设计[M].北京：机械工业出版社，2012.

[3] 刘亚兰.木制品质量检测技术[M].北京：化学工业出版社，2005.

[4] 李重根.金属家具工艺学[M].北京：化学工业出版社，2011.

[5] 吴智慧.木家具制造工艺学[M].北京：中国林业出版社，2012.